열세 살 아이와 함께, 유럽

열세 살 아이와 함께, 유럽

초판 1쇄 발행 2014년 8월 19일

지은이 김춘희
발행인 송현옥
편집인 옥기종
펴낸곳 도서출판 더블:엔
출판등록 2011년 3월 16일 제2011-000014호

주소 서울시 양천구 목동 131-19 202호
전화 070_4306_9802
팩스 0505_137_7474
이메일 double_en@naver.com

ISBN 978-89-98294-03-8 (13980)

도서출판 더블:엔은 독자 여러분의 원고 투고를 환영합니다. '열정과 즐거움이 넘치는 책'으로 엮고자 하는 아이디어 또는 원고가 있으신 분은 이메일 double_en@naver.com으로 출간의도와 원고 일부, 연락처 등을 보내주세요. 즐거운 마음으로 기다리고 있겠습니다.

열세 살 아이와 함께, 유럽

김순희 지음

더블:엔

editor's note

    아이와 함께하는 여행, 특히 초·중·고 입학 전에 떠나는 여행은 시기적으로 더욱 의미가 있기에 엄마들의 로망이기도 합니다. 여행도 교육의 연장선이라지만 '성적'이냐, '여행'이냐를 선택하는 데 있어 선뜻 후자를 선택하기란 쉽지만은 않은 문제입니다. 여기, 사춘기를 목전에 둔 까칠한 6학년 아들 '초딩군'과 6세 딸 '푸린양'을 데리고 아빠 없이 한 달간 유럽을 다녀온 엄마가 있습니다.

    아이들을 위한 여행을 준비한다더니 항공권과 숙소를 예약하며 아이들보다 더 신나 하고 들떠 있는 귀여운 엄마. 런던에서 야경을 보러간 날, 지친 아이들이 정류장에 있는 동안 타워브리지를 카메라와 마음에 담고 와보니 푸린양이 오빠 어깨에 기대어 잠들어 있습니다. '아이와 함께하는 여행이니 욕심부리지 말자, 아이들 컨디션에 맞춰 여행하자 다짐했는데 오늘은 결국 추운 길거리에서 잠들게 하고 말았다.'는 대목에서는 코끝이 찡해옵니다. 영국에서 네덜란드로 넘어가는 날은 10월의 마지막 일요일. 썸머타임이 해제되며 윈터타임이 실시되는 바람에 이상한 '시간'에 제대로 당황하며 시작한 하루는 암스테르담에 입성할 때까지 하루 종일 사건의 연속… 정말 '긴 하루'를 보내고는 '주책맞게 눈물을 흘리는' 대목에서는 저도 따라 눈물이 흐릅니다. 이 엄마, 글을 너무 잘 씁니다. 왠지 막 빨려들면서 공감하고 있는 저를 발견하게 됩니다.

엄마는 여행을 하면서 위급할 때 싸움닭 근성이 발휘되는 '내안의 또 나른 나'를 발견합니다. '초딩군'은 소극적인 성격으로 여행 내내 수없이 엄마의 복장을 터지게도 했지만, 여행을 다녀온 후 중학교에 입학해 첫 시험에서 전교 1등에 오르는 기염을 토하고, 여행 당시 6세였던 '푸린양'은 여행에서 감탄과 취침을 담당합니다. 저는 글을 읽으며 아, 아이를 하나 더 낳아야 하나, 고민을 하기도 했답니다.

이 책은 '선행' 대신 '여행'을 선택한 이 가족의 서툴지만 따스한 에피소드 47꼭지를 담고 있습니다. 아이에게도 엄마에게도 처음인 유럽 곳곳에서 아이들과 함께 웃고 울었던 시간은 '사춘기 예방주사'의 역할을 톡톡히 해주었네요.

여행은 저자의 지인 K네 가족(엄마 K, 초6 딸, 초2 아들)과 함께, 따로, 또 같이 이어집니다. 책 중간중간 등장하는 K's diary를 읽는 재미도 쏠쏠합니다.

여행도 영어도 서툰 6인의 여행단. 그들의 영국에서 프랑스까지 한 달 동안의 여행 이야기가 이제 시작됩니다~.

또 시험기간이다.

없는 집 제사 돌아오듯 시험이 돌아온다. 자정이 넘었지만 아이는 아직 책상 앞에 앉아 있다. 작년 이맘때였으면 한창 전쟁중이었을 텐데. 아이는 작년, 대단하다는 중2를 보냈다. 온순하고 순종적이었던 아이의 일탈과 침묵은 낯설었다. 수다스럽지는 않지만 사근사근 이야기를 들려주던 아이였는데, 중2가 되더니 기다렸다는 듯 입을 닫았다.

학교에서 종종 전화도 걸려왔다.

'무단 조퇴를 했습니다.' '무단 이탈을 했습니다.'

반 친구들은 한 수 더 떴다. '학교에서 계속 자요.'

그런 아이를 붙들고 나는, 특목고를 얘기하고 명문대를 들이밀었다. 수순대로 아이는 놀라운 성적표를 받아들고 왔다. 불과 1년 전, 중학교 첫 시험에서 최고의 점수를 기록했던 그 아이가 아니었다. 화가 나고 실망스러웠고 그때마다 쉼없이 아이에게 폭탄을 퍼부었다. 중2병은 통과의례일 뿐이라는데, 그 시간을 통과하며 나는 너무 많은 상처를 아이에게 주고 있었다.

그때 나는 시간이 지난 유럽여행기를 쓰고 있었다. 가물가물한 시간을 더듬다가 종종 아이를 불러 기억을 확인했다. 런던에서 우리가 피쉬앤칩스를 먹었나? 트램을 탔던 데가 네덜란드였던가? 아이는 눈을 또록또록 굴리며 기억을 정리해주었다.

정리된 기억 속에 아이의 진짜 모습이 있었다. 낯선 장소, 새로운 사람, 처음인 상황에 두려움이 많은 아이, 그래서 목소리가 작아지고 뒤로 물러나는 아이라는 것. 적응이 끝나고 때가 되면 저절로 앞장서 춤추듯 달려가는 아이라는 걸 잠시 잊고 있었다.

단지 시간의 문제였다. 한 학년에서 한 달의 공백이 문제가 안 되었던 것처럼, 긴 인생에서 한두 학기의 주춤함 역시 문제가 되지 않으리라. 아이 역시 매섭게 잘못을 지적하는 엄마가 결국 가장 따뜻하게 안아준다는 것을, 맞닥뜨린 문제를 해결하기 전에는 다른 생각을 못하는 단세포엄마가 당장 눈앞에 닥친 성적문제를 묵묵히 기다려주고 있다는 걸알았다. 여행에서 얻은 값진 수확은 서로를 알게 되었다는 것이다. 아이는 극렬한 반항을 잠시 멈추었고, 나 역시 무자비한 폭탄 투하를 그만두었다. 현재, 평화롭다.

엄마가 도서관에서 일을 하게 되면서, 둘째아이 푸린양은 학교가 끝나면 도서관으로 달려온다. 매일 오후 시간을 온전히 도서관에서 보낸다. 지인들은 도서관에서 노는 아이이니 남다르게 자랄 거라고 얘기한다. 도서관을 놀이터삼아 어린 시절을 보낸 빌 게이츠 이야기를 빠트리지 않으면서. 빌 게이츠는 도서관에서 책과 함께 놀았다. 하지만 푸린양은 그냥 놀기만! 한다. 도서관에서 그냥 놀기만 한 아이가 어찌 성장하는지 그래도 궁금하다면 기대를 말리지는 않겠다. 책 분류만큼은 잘 하겠지. 종이접기책은 600번대에, 제로니모는 800번대에, 엄마가 좋아하는 여행책은 900번대에….

"아이가 기억도 못할 텐데, 고생스럽지 않아요?"

아이와 여행을 다녀오고 나서 가장 흔하게 듣는 말이다. 맞다. 아이들은 절반도 기억하지 못한다. 절반은커녕 눈을 동그랗게 힘주어 뜨며 되묻는다. "내가 거기를?"

아쉽게도, 나 역시 어린 시절 부모님과 함께한 여행이 기억에 없다. 하지만 부모님은 그 시절을 기억한다. 하얀 원피스를 맞춰 입고 해수욕장에 나들이 갔던 일, 높은 계단을 무서워하는 우리 자매를 번쩍 들어 양 옆구리에 끼고 계단을 올라갔던 일, 삼단찬합에 김밥을 가득 싸서 동물원에 갔던 일. 아련한 부모님의 눈동자를 바라보고 있으면, 그날 그 시간이 혼불처럼 날아와 가슴에 새겨진다.

홍콩이건, 영국이건 아이들이 기억하지 못하면 어떠랴. 그 여행을, 그 시간을 내가 기억하는데. 우리 부모님이 나의 시간을 기억하는 것처럼 말이다.

난생 처음인 양 눈을 꿈벅거리는 아이에게 깔깔 웃음소리와 징징 울음소리까지도 생생히 들려줄 수 있으니 됐다. 꼬맹이 너희들 때문에 엄청 고생했다고, 정말 힘들었다고. 그런데 너희 덕분에 언제나 우리의 여행이 더욱 빛났다고 얘기해줄 수 있으니 그것으로 충분하다.

여행은 가슴 한구석에 난로 하나를 품는 일이다. 가슴이 서늘해지는 날, 난로의 온기가 우리를 데워주리라 믿는다. 그 온기가 열정이 되어 지친 우리를 달리게 하리라 믿는다.

나도 아이들도 동행인 친구네 가족도 모두 처음인, 30박 31일짜리 유럽여행 이야기를 이제 시작한다. 모두가 처음이니 고생깨나 하겠다.

6인의 여행단, 건투를 빈다!

2014년 여름에 김춘희

CONTENTS

등 장 인 물

초딩군 가족 ★

엄마　여행의 일정을 정하고 정보수집 및 예약을 담당했다. 30일 일정을 일목요연하게 표로 정리하는 걸 보고 주위사람들은 굉장히 부지런하고 빈틈없는 사람인줄 안다. 일과 집안일 그리고 아이들 교육까지 하는 걸 보고 대단한 사람이라고도 말한다. 하지만 남들은 편하다는 패키지여행을, 이른 기상시간 때문에 포기할 만큼 게으로고 일과 집안일, 아이들 교육 중 만만한 집안일은 언제나 내일로 미루고 보는 빵점 주부다. 위급할 때 더욱 발휘되는 용감무쌍함과 싸움닭 근성이 있음을 여행에서 발견했다. 다음 여행에선 언어순간습득 기능이 발견되길 고대하고 있다.

초딩군 (여행 당시 초6)　여행에서 세계사 영역을 담당했다. 세계문화, 지리, 역사에 지대한 관심을 가지고 있다. 《먼나라 이웃나라》를 수없이 읽으며 쌓은 내공으로, 여행 전에는 일정을 짜는 데 도움을 주고, 여행 중에는 여행지에 담긴 이야기를 수시로 들려주었다. 덕분에 똑똑한 여행을 할 수 있었다. 여행을 마치고 중학교에 입학해, 첫 시험에서 전교 1등에 오르는 기염을 토했다. "여행 덕이다!" 라고 주장하는 철없는 엄마에게 "다음번 1등은 여행 한번 더 다녀온 다음에 하는 걸로!" 라며 단번에 엄마의 입을 다물게 한 내공의 소유자이며 소극적인 성격으로 엄마의 복장을 터지게도 한 청소년이다. 자기 할 일 스스로 하는 착실한 중3이 되었다.

푸린양 (여행 당시 6세)　여행에서 감탄과 취침을 담당했다. 멋진 곳에서도, 소박한 곳에서도 아낌없이 감탄해주어, 여행 데리고 온 엄마를 보람되게 만들었다. 하지만 강행군이 버거웠는지 아무 때나, 아무 곳에서나 잠들어버려 엄마의 다리를 후들거리게도 만들었다. 여섯 살 인생에 유럽을 여행한 푸린양은, "주말에 어디 다녀올까?" 묻는 아빠에게 "홍콩 어때?" 하고 대답하는 통 큰 아이로 성장하는 중이다. 남자들은 모두 피곤하다며 한숨을 내쉬는 시크한 초2가 되었다.

K네 가족 ★

K 여행을 준비할 때는 환상의 예약 파트너로, 여행 중에는 든든한 조력자로 서로에게 버팀목이 되어 주었다. 같은 학년인 첫째 아이들의 모둠수업을 함께하며 친해진 K는 아이들의 이야기를 잘 들어주고 끈기있게 기다려주는 엄마다. 밝고 유쾌한 에너지로 주변을 활기차게 만드는 성격으로, 긴 여행의 파트너로 제격이다! 쉬는 시간 없이 3시간 수다도 거뜬한, 무한수다 파트너이기도 하다.

초딩양 (여행 당시 초6) 여행에서 엄마 위로를 담당했다. 긴 여행 동안 동분서주하는 엄마의 마음을 헤아리고 위로해준 이쁜 딸. 비행기도 좋고 호텔도 좋지만 쇼핑의 기대감에 가장 부풀었는데 비싸도 너무 비싼 가격에 좌절하여 열쇠고리 몇 개로 마무리한 쇼핑을 여전히 아쉬워한다. 화장실도 힘들고 물 먹기도 힘들어서 다시는 여행가고 싶지 않다더니, 반짝거리는 에펠탑을 떠올리며 아무래도 다시 가야겠단다. 낭만과 예술의 도시 파리에 빠져든 초딩양은 이제, 미술학도를 꿈꾸는 새침한 중3이 되었다.

K네 꼬마 (여행 당시 초2) 여행의 '분위기 메이커.' 기대치 않았던 여행을 나서게 된 K네 꼬마가 여행을 하면서 가장 좋아했던 건 오로지 학교 안 가는 것. 긴 비행도 싫고 허름한 호텔도 싫고 언제나 부족한 식사도 싫고, 이래저래 투덜이 멤버가 되어버렸다. 투덜이 멤버의 기분에 따라 일행의 분위기가 흐렸다 개었다 했으니 의미는 좀 달라도, '분위기 메이커'인 셈. 맨체스터 유나이티드 구장에서만큼은 얼굴에 저절로 홍조가 번졌던 예비 프리미어리거. 축구선수의 꿈이 더욱 굳건해진 초5 축구실력자가 되었다.

프롤로그

소 원 을   말해봐 …

벌써 6학년.

아이가 중학생이 되기 전 유럽여행 다녀와야지, 꿈만 꾸어온 지 어느 덧 6년째. 이제 아이는 초등학교의 마지막 학기를 보내고 있다.

여행을 떠나는 데 필요한 게 시간, 돈, 용기라 친다면 그 중 가장 필요 한 것은 용기라고들 한다. 목 메이는 빵만 먹으며 일주일쯤 버틸 수 있 다거나 노숙 수준의 잠자리를 참아내며 자아를 찾아가는 여행이라면, 용기 말고 필요한 게 무엇이겠는가. 하지만 하루에 한 끼는 쌀밥을 먹 어줘야 하고 탄력 좋은 침대에서 잠들어야 다음 날 일정에 무리가 없는 중년의 아줌마와 성장기의 어린이가 떠나는 여행에 필요한 건, 용기보 다는 넉넉한 여행자금이다. 자유여행을 떠날 참이니 용기도 조금 필요 하겠으나, 강렬한 의지와 넉넉한 자금이 갖추어지면 옹달샘에 물 고이 듯 용기는 조금씩 생겨나는 법이다.

나로 말하자면 대표적인 작심삼일형 인간이면서도, 여행계획만큼은 놀라운 추진력을 발휘해 실천하고야 마는 가증스러운 사람이다. 그토록 꿈꾸어왔음에도 변변한 여행적금 하나 들어두지 않았고 초등 6년을 엄마표로 공부했으니 학원비라도 모아두어야 했건만 그 역시 온데간데 없으니, 계획성마저도 없는 사람이다.

그럼에도 기어이 여행을 떠나기로 했다. 기어이, 라는 단어가 딱 적당하다. 항공권은 장기할부 결제를 하고 현지에서의 경비는 긁어모은 돈과 가족들의 찬조금으로 충당하기로 했다. 현지에서는 짠순이 여행을 해야 하고, 돌아와서는 자린고비 생활을 해야 한다. 그런데도 비실비실 웃음이 새어나온다.

떠나기로 결정했으니 이제 문제는 어떤 여행을 하느냐이다. 흔한 말로 관광이 아닌 여행을 해야 할 것 아닌가. 도서관 서가에서 닥치는 대로 뽑아온 책을 밤마다 공들여 읽었다. 에너지 넘치는 젊은이들의 배낭여행기는 흥미진진했고 그림이나 건축, 요리 등에 집중한 테마여행기는 깊이 있는 지식에 감탄이 절로 나왔다. 배낭여행서만큼 에피소드가 풍성하지 않고 테마여행서만큼 훌륭한 정보를 제공하지는 못하지만 아이와 함께 다녀온 가족여행기는 부모와 아이 사이의 낯선 갈등과 눈물겨운 화해가 있어 진한 공감이 느껴졌다.

오지여행을 하며 현지인들과 형제애를 나눌 수도 없고 어설픈 테마여행을 하며 빈약한 지식을 공개할 수도 없는데, 우리는 어떤 여행을 해야 할까. 길 위의 시간 모두가 소중한 경험이고 살아있는 공부라는

데 굳이 어떤 여행을 하자, 정하는 게 현명한 일일까.

두 아이에게 물었다.

"여행가서 뭘 하면 재미있을 것 같아?"

"비행기에서 컵라면 먹어보면 재미있을 것 같아."

"내 생일파티를 하면 재미있을 것 같아."

"트라팔가르 광장에 서 있는 넬슨 제독 동상은 팔다리가 없다는데 직접 확인해보면 신날 것 같아."

"롯데리아에 가보면 재미있을 것 같아."

"야! 꼬맹이! 롯데리아는 유럽에 없거든! 뭘 좀 알고 얘기하시지!"

두 아이는 재미있을 것 같은 일, 해보고 싶은 일들을 번갈아 쏟아내기 시작했다.

잠시 후 푸린양이 내게 물었다.

"엄마는 뭐하면 재미있을 것 같아?"

"음, 엄마는 오래 전부터 니스 바다에 가보고 싶었어. 거기는 자갈해변이래. 그 해변에 누워 커피 마시면서 책 읽고 싶어."

고등학교 불어교과서에서 프랑스 니스를 처음 보았다. '여름이면 대부분의 파리 시민들은 휴가를 떠난다. 가장 인기 있는 휴가지는 아름다운 지중해가 한눈에 펼쳐진 니스 해변이다'라는 본문과 함께 실린 한 장의 사진은 인상적이었다. 흑백교과서였던 탓에 바다빛깔을 구별할 수는 없었지만 손바닥만한 수영복을 걸치고 자갈 위에 아무렇게나 누워 책을 읽는 유럽인들의 모습은 꽤 오랫동안 기억에 남아있었다.

그 시절, 우리가 바닷가에서 즐기는 피서란 시커먼 고무튜브를 부여잡고 바다 위를 둥둥 떠다니며 파도를 기다리는 '노는' 피서였으니 태양을 이불 삼아 꼼짝없이 누워 시간을 보내는 그들의 '쉬는' 피서는 참 생소했다.

두 아이가 쏟아내는 소원 더미에 내 소원들도 차곡차곡 쌓여갔다.

그래, 우리 소원을 이루어보는 여행을 하자. 니스 해변에서 책을 읽는 근사한 소망도 좋고 런던 맥도널드에서 치즈버거를 먹어보는 사소한 소망도 좋다. 우리는 한참 동안 머리를 맞대고 시시덕거리며 온갖 소망들을 작은 노트에 옮겨 적었다. 자잘한 소망들이 빼곡히 들어찬 소망노트를 들고 우리는 여행을 떠난다.

런던으로, 파리로! 6년 동안 묵힌 꿈같은 소원여행을.

PART 1

짠순이
아줌마네
여행준비

예약서류만
파일 한 권

길을 잃어야 진짜 여행이라지. 예상치 못했던 장소, 기대치 않았던 인연을 만날 수 있기에, 진짜 여행의 묘미는 헤맴이라고도 하지. 갑자기 퍼붓는 소나기가 두려워 내려야 할 정류장을 포기하고, 졸지에 버스 유람을 하게 된 여행자. 버스 안을 채웠던 사람들이 차례로 내리고 빈 좌석이 늘어날 즈음 외로움이 느껴지겠지. 그러다 문득 고개를 돌려 꾸벅이며 졸고 있는 건너편 자리의 여행자를 보며 애틋한 동지애를 느끼겠지. 설핏 눈을 뜬 그이와 눈이 마주치면 보일 듯 말 듯한 미소를 지어 보이겠지. 어쩌면 그들은 사랑에 빠질지도 몰라.

레드 썬!

이번에는 아이 둘, 아줌마 하나의 여행이다. 갑자기 퍼붓는 소나기가 두려워 내려야 할 정류장을 포기했다.

"왜 안 내려? 어디서 내릴 거야?" 졸지에 목적지를 잃은 어린 여행자들이 까칠한 질문을 퍼붓겠지. 소나기처럼.

버스 안을 채웠던 사람들이 차례로 내리고 빈 좌석이 늘어날 즈음 외로움이 느껴지겠지. 그러다 문득 고개를 돌리면 같은 차림의 여행자 대신 꾸벅이며 졸고 있는 아이들이 보이겠지.

'잠든 꼬맹이를 어찌 하나? 아까 쌩쌩할 때 그냥 내렸어야 했어!'

애틋한 동지애는 간데없고 막막한 한숨이 터져 나오겠지.

'낭만은 없다. 단지 피로가 있을 뿐!'

아이들과 함께하는 여행길, 헤맴은 재앙이다.

속지가 스무 장이나 들어있는 파란색 파일 한 권을 구입했다. 한 달의 여정을 꼼꼼히 준비하고 완벽하게 대비하리라.

첫 번째 준비, 푸근한 숙소

호텔에서 민박까지, 숙소의 종류는 그야말로 천차만별이니 우리가 찾는 숙소의 기준을 정확히 해야 한다. 아이들이 눈치 보지 않고 편히 머물 수 있는 곳일 것, 되도록 음식을 해 먹을 수 있는 곳일 것.

여행예산, 시내 중심부와의 거리, 어린이 숙박 여부 등을 따져본 끝에 하루 10만원 미만의 숙소에 머물기로 했다. 가이드북에서 추천한 숙소, 여행 카페에서 후기가 좋았던 숙소의 홈페이지에 들락거리며 간간하게 체크하기를 한 달. 떨리는 손끝으로 카드번호를 입력해가며 30박 일정의 숙소 예약을 시작한다.

어느 날, 마음에 쏙 드는 호스텔의 더블룸이 아주 좋은 가격에 나왔다. 그런데 아이들 숙박에 대한 규정이 보이지 않았다. 문의 메일을 보내고 기다렸다. 다음 날이 되어도 답이 없다. 시설이며 위치가 마음에 들어 찜해둔 곳이었고, 인기가 많은 호스텔이라 조바심이 났다. 급기야 호스텔로 직접 전화를 해보기로 했다. 우리 시간으로 밤 12시. 시차를 따져보니, 영국은 대략 오후 3시쯤 되겠다. 국제전화라니! 영어라고는 일주일에 한 번 동네 문화센터에서 겨우 입만 떼는 아줌마가 런던으로 국제전화를 걸다니, 어지간히 급하지 않고서는 상상할 수 없는 일이다. 마지막 번호를 누르면서부터 가슴이 두근거리기 시작하더니, '뚜우' 하는 신호음이 들리자 본격적으로 심장박동이 빨라졌다.

'그냥 끊을까? 지금 끊을까? 고민하는 동안에도 전화는 성실하게 신호음을 보내고 있다. '그래, 긴 대화를 나누자는 게 아니잖아. 예약하려고 하는데요, 아이들도 투숙할 수 있나요? 요 두 마디면 되잖아.'

마음을 다잡으며 전화기에 온 신경을 모았다.

뚜우 뚜우 뚜우.

다행이다. 전화를 안 받는다. 신호음이 열 번이나 울렸다. 이 통화를 위해 나는 최선을 다한 거다!

"인연이 안 되나 보네." 소심하게 중얼거리며 슬그머니 호스텔 예약을 포기했다. 심야의 국제전화, 유창한 영어실력자이거나 웬만한 강심장이 아니라면 권하고 싶지 않다. 영어실력자도 강심장도 아닌 이가 시도했다가 공포영화에 버금가는 스릴을 맛보는 수가 있다.

마지막으로, 여행을 마치고 돌아오는 길 홍콩에서의 1박 2일 스탑오버stop over 때 머물 호텔을 예약하고 나니, 여행이 일주일 앞으로 다가와 있다. 유럽과 아시아를 아우르는 숙소 일곱 곳의 30박 예약서류를 출력해 파일에 끼워 넣는다. 텅 비었던 파일이 금세 두툼해졌다. 제일 중요한 잠자리 준비를 마치니, 한 짐 덜어낸 듯 마음이 가볍다.

숙소가 정해져 있으면 일정이 얽매이게 되니 진짜 여행이 아니지 않느냐 말하는 이도 있다. 하지만 그는 어린 아이들을 데리고 커다란 짐가방을 끌며 숙소 찾는 수고를 겪어보지 않은 사람이다. 부슬부슬 젖어드는 비를 맞으며, 졸리운 아이를 달래가며 마땅한 숙소를 찾아 헤매는 일을 단 한 번이라도 해보았다면, 내 이름 석자를 당당하게 외치며 체크인할 숙소가 있음이 얼마나 감사한 일인지 공감하리라.

두 번째 준비, 편리한 교통편

제아무리 오밀조밀 모여 있는 유럽이라 해도 영국, 프랑스, 벨기에와 네덜란드까지 네 나라를 여행하는 건 그리 만만한 일이 아니다. 런던으로 들어가 파리에서 나오는 항공편만 결정되었으니 이제 계획된 루트를 따라 본격적으로 교통편을 예약해야 한다. 특히나 교통편은 예약 취소나 변경이 까다로운 경우가 많으니 정신 바짝 차려야 한다. 먼저 굵직한 여정인 런던에서 브뤼셀로 넘어가는 고속열차인 유로스타Eurostar를 예약하자. 유로스타 한국 사이트에 들어가니 마침 예약자에게 1등석 업그레이드와 아침식사를 제공하는 프로모션을 하고 있다. 짠순이 아줌마는 절대 못 타볼 고속열차 1등석에서 먹는 아침식사라니, 얼마나 부티나는 장면인가. 초딩군에게 두 번씩이나 날짜 확인을 하게 한

다음, 결단력 있게 예약을 시작한다. 유로화를 일일이 원화로 계산해가며 예산을 벗어나는지 체크해보고, 런던 숙소에서 기차역까지 걸릴 시간을 용의주도하게 계산해 신중하게 마우스를 클릭한다. 드디어 선택이 끝나고 결제해야 할 최종운임이 떴다. "어? 예약수수료?"

　유로스타 한국 사이트는 대행 사이트라 티켓 한 장당 7유로의 수수료가 부가되는데 세 식구 몫의 티켓이니 21유로를 추가지불해야 한다. 21유로라면 우리 돈 약 4만원인데, 유로스타 공식 홈페이지에서 예약하면 아낄 수 있는 비용이다. 하지만 공식 홈페이지에서는 1등석 업그레이드 프로모션을 진행하지 않는다. 선택의 기로에 섰다. 4만원을 들여 부티나는 여행자가 되어볼 것이냐, 짠순이 여행자로서의 본분을 잊지 않고 4만원을 아낄 것이냐! 아무래도 짠순이 쪽이 속 편하다. 4만원으로 할 수 있는 수십 가지 일들을 떠올리며 수수료가 없는 공식 홈페이지에서 예약을 마친다.

　딱 20킬로그램에 맞춰야 하는 수화물의 압박을 극복하기로 하고, 파리와 니스 간 저가항공권 예약도 마쳤다. 이제 20킬로짜리 짐을 어찌야무지게 꾸리느냐 그것이 문제로다.

　유로스타와 저가항공 예약을 확정지으니, 우리가 떠돌 여행지의 윤곽이 서서히 드러난다. 메일함에 속속 도착하는 기차표와 비행기표를 빠짐없이 출력해 파란 파일에 끼워넣는다. 숙소 예약서류로 두툼했던 파일이 묵직해졌다.

　한 달 여정의 굵직한 교통편이 모두 확정되었다.

세 번째 준비, 신나는 투어 예약

이번 여행에서 가장 기대되는 3대 투어는 공부 욕심을 부려본 대영박물관 투어, 한국 축구의 자존심 박지성 선수를 느껴보는 맨유구장 투어, 하룻밤 신나게 즐겨보는 뮤지컬 관람이다.

익숙한 국립박물관에서도 삼국시대를 넘기지 못하고 집중력이 떨어지는데, 세계 3대 박물관이라는 대영박물관^{British Museum}에서 과연 얼마나 집중력 있게 관람할 수 있을까. 이번 여행의 숙제이기도 하다. 많이 보고 오래 보는 것이 결코 중요하지 않지만, 박물관에서만큼은 역사 공부라 생각하고 몰입해서 봐줬으면, 그래서 머릿속에 가득 채워갔으면 하는 게 솔직한 엄마마음이다. 무작정 둘러보다가는 고대문명관을 벗어날 수 없다기에 과감히 박물관 투어를 신청했다. 영국에서 서양미술사를 공부하며 주말에만 가이드 아르바이트로 학비를 벌고 있는 한국 유학생이 진행하는 소그룹 투어다. 초등학생 중심으로 투어를 진행해줄 수 있겠느냐 부탁하니, 최대한 아이들 눈높이에 맞춰보겠다는 답장이 왔다. 한 달 후 대영박물관 앞 스타벅스에서 만나기로 약속했다.

학교에서 돌아온 초딩군에게 우리의 약속을 전한다.

"런던 대영박물관 앞 스타벅스? 엄마, 우리 너무 글로벌한 거 아냐?"

서울 북쪽의 소도시, 작은 방에 앉아 런던에서 만날 약속을 잡다니, 우리 너무 글로벌한 거 맞다!

새로 장만한 파란색 파일이 뚱뚱해졌다. 일정을 수십 번 바꾸고 한 건의 예약을 위해 며칠 동안 고민했다. 이제 준비는 끝났다. 이 정도 대비면 충분하다. 도둑 한 놈에 지키는 사람 열이 못 당한다고 백 가지 대비를 한들 한두 구멍은 생기게 마련이다. 구멍까지 틀어막는 일은 내 능력 밖이다. 그저 구멍이 생겨날 때마다 지혜롭게 막아내는 게 내 소임일 뿐이다. 부득불 서른 밤의 숙박을 빠짐없이 예약하고 소소한 기차 티켓까지 손에 쥐고 길을 나서는 건, 어쩔 수 없이 생겨날 구멍의 크기를 줄여보자는 엄마여행자의 간절한 몸부림이다.

마지막 준비, '마음 비우기' 예약

부풀은 파일 만큼이나 기대도 커졌다. 기대가 커지면서 자연스레 욕심도 늘어났다. 먼 길 왔으니 더 많이 보라고, 더 많이 느끼라고, 더 용감하라고, 더 친절하라고 강요할 게 뻔하다. 박물관에서 작품보다 기념품에 집중할 때, 유럽의 멋진 풍광 대신 닌텐도 게임기와 눈을 맞출 때, 비싼 음식은 고스란히 남기고 기어이 라면가닥을 먹겠다고 할 때, '빽' 하고 소리지를 게 뻔하다. 그때 사용할 티켓이다. 기념품을 보며 박물관을 떠올리고, 닌텐도 게임할 때 스쳤던 풍경을 기억하고, 라면가닥을 넘기던 퀴퀴한 주방의 냄새를 기억하겠지, 라는 믿음이 둥지를 틀 수 있게 '마음 한편 비워두기' 티켓이다.

'마음 비우기' 예약 완료.

이제, 떠나도 좋다!

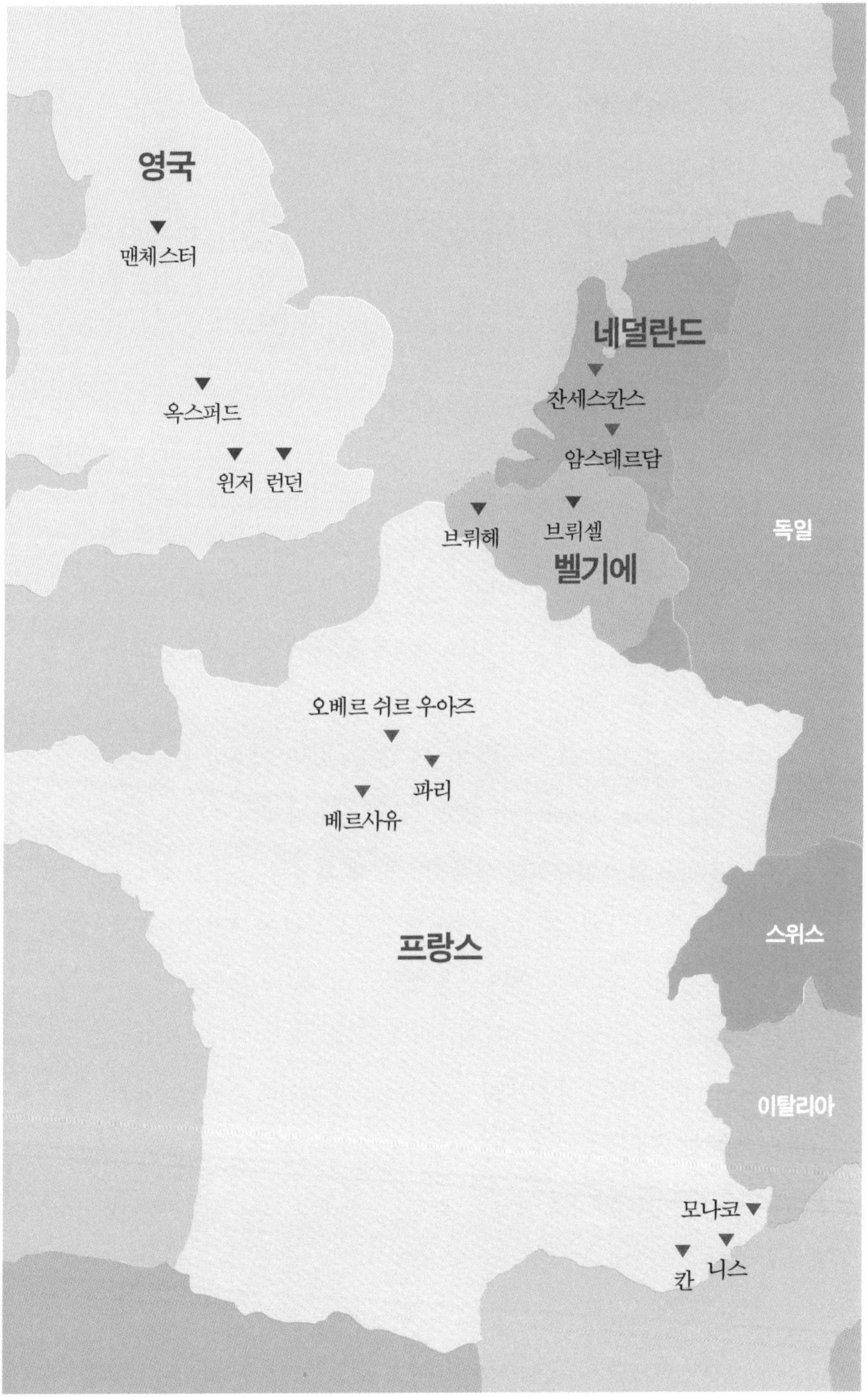
영국
맨체스터
옥스퍼드
윈저
런던
네덜란드
잔세스칸스
암스테르담
브뤼헤
브뤼셀
벨기에
독일
오베르 쉬르 우아즈
파리
베르사유
프랑스
스위스
이탈리아
모나코
칸
니스

입 짧은 가족
식량준비

　30박 31일 동안 아흔 끼를 먹어야 한다. 오가는 비행기에서 받아먹을 기내식을 제외하고, 아침식사가 포함된 호스텔의 열 끼를 빼면 여든 끼. 한 달 내내 점심을 사 먹고 가끔 저녁까지 사 먹는다 해도 최소한 마흔 끼를 해결해야 한다.

　어떤 이는 시리얼과 샌드위치만 먹어도 호랑이같은 기운이 솟는다고 하지만 우리 식구는 고슬고슬한 밥과 촉촉한 국물이 아니면 맥을 못추는 스타일이다. 입이 짧다고는 생각 안 했는데, 동남아 음식 앞에서 숟가락을 들지 못하는 비겁한 모습이나 열렬히 원하던 스테이크조차 두 끼 이상 먹지 못하는 간사한 입맛임을 깨닫고 입 짧은 가족임을 인정하기로 했다.

　그러니 한 달, 적어도 마흔 끼의 식사에는 한국 음식이 포함되어야 한다. 음식문화 체험보다는 생존이 더 중요한 문제니까.

　욕심껏 사들인 식량들로 가방을 그득그득 채우고 나니 당장 떠나래도 신나게 나설 수 있겠다. 헌데 그득찬 가방을 옆에 두고도 남겨진 식량들에 미련이 남는다. 컵라면 두 개를 들었다 놨다 하는 나에게 초딩군이 한마디한다.

"네덜란드 컵라면도 한번 먹어보고 싶어!"

★ 밥 & 면

숙소 예약을 끝내니, 숙소 사정에 맞춰 식량을 챙길 수 있어 여러모로 편하다. 취사가 가능한 곳과 그렇지 않은 곳에 따라 식량을 구분해 꾸렸다. 취사가 가능한 호스텔과 렌탈 아파트에서 머무는 스무 날치 식량으로, 쌀과 봉지라면을 챙겨 넣었다. 현지 슈퍼에서 파는 찰기없고 길쭉한 쌀 대신 우리 입맛에 맞는 통통한 쌀로 윤기흐르는 밥을 해 먹자꾸나.
고소한 누룽지도 지퍼백 하나에 담았다. 누룽지는 아주 요긴한 식량이다. 따끈한 국물이 생각날 때도 좋고, 속이 좋지 않을 때, 버터바른 빵에 질렸을 때 아침식사로, 늦은 밤 부담없는 야식으로도 그만이다.
취사가 안 되는 숙소에서 먹을 식량으로, 컵라면과 즉석밥을 몇 개 챙겼다. 컵라면이 먹기에는 간편해도 제법 공간을 차지하는 짐이라 마음과는 달리 몇 개 넣지 못해 아쉬울 따름이다.

★ 국 & 찌개

타지에서 국물요리까지 바라는 건 오버다. 다행히 우리같은 오버쟁이들을 위한 즉석국이라는 상품이 있어서 미역국, 북어국, 육개장 등 종류별로 두 개씩 사보았다. 종이포장지는 버리고 비닐팩만 모아 지퍼백에 따로 넣었다. 부피가 한결 줄어든다.

★ 반찬

친정엄마표 전라도 김치에 참기름을 떨어뜨려 달달 볶은 볶음김치를 작은 김치통에 가득 담았다. 역시 엄마가 보내준 멸치볶음과 깻잎장아찌를 각각 통에 가득 채워 넣었다. 한국인의 영원한 밥친구 김도 챙겼고 마트에서 할인행사중인 고추장고기볶음 통조림도 넣었다. 부피가 큰 도시락 김 대신 A4 크기의 김을 가져가 잘라 먹기로 했다. 빼놓을 수 없는 반찬인 김치는, 진공포장된 여행용 꼬마김치로 골라 담았다. 한 끼에 한 봉지씩 뜯으면 남길 걱정 없이 깔끔하게 먹어치울 수 있겠다.

★ 양념

여행지에서 요리할 때, 의외로 필요한 준비물이 식용유다. 무슨 대단한 요리를 하겠다고 식용유까지 챙기느냐 하겠지만, 가장 간단하고 만만한 달걀프라이 하나를 하려 해도 식용유가 없으면 방법이 없다. 몇 방울 쓰지도 않을 식용유를 현지에서 살 수도 없는 노릇이다. 그 몇 방울이 없어서 우리는 지난 호주여행 내내 삶은 계란만 먹었다. 따져 보니 목이 메어서 사다 마신 콜라값이 식용유 세 병 값이었다. 약국에서 얻어온 여분 약병에 식용유를 가득 채웠다. 천원숍에서 파는 작은 플라스틱통에 소금과 다시다도 꾹꾹 눌러 담았다. 다시다만큼 믿음가는 양념도 흔치 않다. 기내식에 제공되는 소금, 후추, 설탕 등도 챙겨둘 참이다.

★ 간식

길거리와 슈퍼에 널린 게 새롭고 신기한 간식일 테니, 비상식량 용도로만 챙겨 넣었다. 자칫 끼니를 놓쳤을 때 허기라도 면할 수 있게 소시지 한 봉지, 바닥난 에너지 충전용으로 미니 초코바 한 봉지. 가당치 않게 비싼 간식을 사달라고 조를 때 입막음용으로도 사용할 예정이다.

★ 음료

길고 짧은 모든 여행길에 동행하는 음료는 당연히 커피다. 이국에서의 낯선 밤, 달달한 밀크커피 한잔은 피로회복제다. 스무 개들이 커피믹스 한 통을 남김없이 가방에 담았다. 우리 가족이 꼭 챙겨가는 품목은, 보리차 티백. 호텔방이나 호스텔 티포트에 매일 저녁 물을 끓여 보리차 티백을 띄워두었다가 아침이면 물병에 옮겨 가지고 다닌다. 물값도 아낄 수 있고 물갈이로 인한 배앓이도 걱정없다.

★ 주방용품

씽크대 서랍에 굴러다니던 나무젓가락과 일회용 포크를 지퍼백에 담았다. 런던 하이드파크에서 점심 피크닉을 즐겨보기로 했고 파리에선 도시락을 싸 다니기로 했으니 작고 가벼운 밀폐용기 두 개도 챙겼다. 예쁜 도시락이 눈에 띄면 현지에서 살 예정이다. 단풍 든 하이드파크에 체크무늬 깔개를 깔고, 세 식구 눈 맞추며 피쉬앤칩스를 오물거릴 참이다. 테이크 아웃한 따끈한 커피 한잔도 추가요!

한식 향기 폴폴 풍기는 트렁크가 겨우 완성되었다.

걱정아줌마
짐 꾸리기

캐리어 두 개에 세 식구 짐을 우겨 넣어야 한다. 작은 캐리어에는 이미 한 달분 식량이 가득하니, 입고 쓸 거리들을 꾸려 넣을 공간은 큰 캐리어뿐이다. '양말 한 켤레쯤 필요하면 사지 뭐!' 하고 휙 던졌다가, '물가가 얼마나 높은데 그걸 사?' 하며 가방에 꾸역꾸역 쑤셔 넣는다. '우리도 프랑스 팬티 한 장 입어보자'고 호기롭게 뺐다가 '프랑스 팬티 별거 있겠어?' 하며 짐 속에 다시 끼워 넣는다. 아이 내복을 접으면서 '추울지 모르잖아,' 바지를 말면서 '잃어버릴지도 모르니까' 했다. 어느 것도 남겨두지 못하고 가방에 담는다.

20년지기 친구들은 나를 두고 '쿨한 여인'이라 말하는데, 지금 나는 양말 한 켤레, 팬티 한 장을 두고 어쩔 줄 몰라 하는 소심하고 우유부단한 아줌마일 뿐이다.

여행 전날, 결국 남편이 한마디한다.

"이걸 다 가져간다고? 가방이 잠기지도 않겠는데."

공들여 싼 짐들을 남편이 꺼내기 시작한다. 이 가방을 들고 나선다면 마음이 좀 놓일 것 같다. 온통 낯설음 투성이인 곳에서, 온갖 익숙함으로 가득 찬 이 가방만 있다면 씩씩할 수 있을 것 같다. 그래, 나는 지금 두렵다. 남편도 없이 두 아이를 데리고 유럽땅을 한 달씩이나 떠돌 생각을 하니 가슴이 답답해진다. 아프지는 않을까, 도둑을 만나는 건 아닐까, 예정대로 다닐 수 있을까, 시덥잖은 걱정들이 꼬리를 문다.

새벽 2시. 짐 가방이 잠겼다. 내가 꾸린 짐의 절반이 거실에 남겨졌다. 아쉬운 눈길을 거둘 수가 없다.

"꼭 가져가고 싶으면 가방 하나를 더 가져가든지."

가방 손잡이가 하나 더 늘면 아이의 손을 잡아줄 수 없다. 저 24인치 가방 안에 익숙한 것들이 가득 차 있지 않은가. 그걸로 충분하다.

★ 겉옷

의류 선택의 가장 중요한 핵심은 방한이다. 반팔과 어그부츠가 팽팽하게 맞선 선배 여행자들의 종잡을 수 없는 게시판을 헤매다가, '추운 건 못 참는다!'에 집중하기로 한다. 아이들은 패딩점퍼를, 나는 두툼한 니트 가디건을 챙겼다. 실내복과 잠옷, 때로는 근거리 외출복으로도 가능한 트레이닝 바지도 한 장씩 넣었다. 바지나 티셔츠는 여차하면 사 입을 계산이다.

★ 속옷

속옷 세 벌, 양말 다섯 켤레, 잠자기 전 세면대에서 쓱쓱 비벼 빨아 방 안에 널어두면 다음 날 아침, 뽀송하게 마른다기에 매일 부지런을 떨기로 했다. 입고 신다 해지면 미련없이 버릴 참이다. 생각해 보니, 엉덩이에 에펠탑이 그려진 팬티도 나쁠 건 없겠다.

★ 세면도구

해 지난 명절선물세트에서 샴푸와 린스, 비누를 골라 담았다. 양도 적당하고 무게도 가벼운 데다, 저렴한 녀석들이다.

까칠한 초딩군, 몸은 다른 수건으로 닦더라도 얼굴만큼은 우리 수건으로 닦아야 한단다. 자기 얼굴은 소중하다나. 수건 넉 장을 돌돌 말아 귀퉁이에 쑤셔 넣는다. 나는 베개에 예민한 편이다. 매일 밤 피로에 지쳐 뻗은 여행자의 땀과 침에 온몸으로 맞서는 녀석이니, 멀쩡한 커버만으로는 속사정을 알 길이 없다. 그러니 베개만큼은 내 수건으로 꽁꽁 감싸야 한다. 커다란 비치타월도 생각보다 요긴하다. 해수욕을 할 때야 말할 것도 없고 공원에서 돗자리 대용으로 펼치거나, 침대 시트가 꺼림칙할 때 깔아주면 한결 산뜻하다. 파리에서 야간유람선 탈 때 무릎덮개로도 쓸 요량이다.

★ 화장품

습관처럼 모아두었던 화장품 샘플을 몽땅 챙겼다. 열심히 쓰고 미련없이 버리련다. 일 년에 한 번도 안 붙이는 마스크 팩을 석 장이나 샀다. 하루 종일 가을 바람 속을 헤맬 게 뻔하니, 그렇지 않아도 까칠한 낯빛이 스산한 늦가을 공기를 견뎌낼지 걱정스럽다. 하루쯤, 세 식구가 나란히 팩을 붙이고 누워 킬킬거리고 싶다.

★ 전자제품

사진을 저장하기에도, 가족들과 연락하기에도, 정보를 찾기에도 유용할 것 같아 가볍고 저렴한 넷북을 장만했다. 작고 가벼우니 초딩군이 메고 다닐 배낭에 넣기로 한다. 사용하던 디카와 별도로 초딩군이 용돈모아 구입한 초간단 디카도 챙겨 넣었다. 자기만의 작품세계를 담아보겠다니 기대한번 해보자. 닌텐도 게임기는 그야말로 무료한 시간을 보내야 할 때 최후의 수단으로만 사용할 녀석이다. 멀티 어댑터와 함께 챙겨야 할 것이 멀티탭이다. 콘센트가 길게 연결된 3구, 4구형 말고 소켓처럼 위와 양옆에 콘센트가 있는 T자형을 추천하길래 서랍을 뒤져 먼지 쌓인 탭을 찾아냈다. 매일 밥 먹듯, 매일 충전하는 것도 잊지 말아야 한다.

★ 책

가이드북 두 권. 런던과 인근 도시 정보를 담은 '영국편'과 시내 중심 정보만 실린 '파리편'을 챙겨 넣었다. 어느 곳에서건 잠자기 전 책을 읽는 오래된 습관이 있어서, 무게 걱정을 하면서도 소설 한 권을 넣는다. 해외여행을 할 때 마음이 동하는 책은 언제나 우리 역사소설이다. 이번에는 으스스한 저승 이야기가 실린 역사소설과 초딩군 몫으로 해리포터 한 권을 골랐다. 아껴 읽어야 한다.

★ 학습용품

한 달씩이나 학교를 빠지니, 다른 과목은 몰라도 수학만큼은 여행중에도 계속하기로 했다. 여행이라는 소중한 경험을 담아올 테니 수학성적 좀 나쁘면 어떻겠냐 싶지만 여행과 성적, 둘 다 놓칠 수 없다. 이런 현실적인 엄마에 익숙한 초딩군은 두말없이 수학문제집을 가방에 집어넣는다. '창의력 놀이북'이라는 이름도 그럴싸한 푸린양 책도 한 권 챙긴다. 이름만 거창할 뿐, 오리고 붙이고 색칠하는 미술종합장이다. 한 녀석은 공부하고,

한 녀석은 색칠하고, 그 옆에서 난 커피나 마시련다.

★ 구급약품

예전에는 목이 따끔거리면서 감기가 시작되더니 몇 해 전부턴 콧물이 흐
르면서 시작된다. 주저없이 코감기약을 챙긴다. 잔병치레 없이 건강한 초
딩군이지만, 일 년에 한두 번 천식을 동반한 심한 감기에 걸리곤 한다. 숨
을 못 쉬겠다며 눕지도 못한 채 헉헉거리는 초딩군을 볼 때면 좀처럼 허
둥대지 않는 나도 호들갑을 떨게 된다. 그에 반해 콧물을 달고 사는 푸린
양은, 열이 오른다 싶으면 금세 중이염으로 진행되는 편이다. 동네 소아
과에 두 아이의 처방전을 부탁해 일주일치 약을 받아왔다. 두툼한 약 봉
지를 보니 한시름 놓인다. 그래도 '천식'과 '중이염'을 영어로 뭐라 말하
는지는 알아둬야겠다.

★ 그 밖에

안경테만 20만원, 안경알과 시력검사비를 합치면 안경 하나가 가뿐히 30
만원을 넘긴다는, 분노에 찬 증언을 읽었다. 서랍에 처박혀 있던 초딩군
의 오래된 안경을 챙겼다. 버릴려고 내놓았던 실내용 슬리퍼랑 양말이나
속옷을 넣어 말리기 좋은 세탁소 옷걸이도 작게 구부려 넣었고, 가벼운 3
단 우산 두 개와 일회용 우비도 가방 안주머니에 넣었다. 푸린양이 간절
히 원한 곰돌이 푸 비옷과 오락거리로 초딩군이 챙긴 모노폴리 카드까지
넣고 나니 가방은 밀가루 반죽마냥 부풀었다. 마지막으로, 비행기와 호스
텔 방에서 편히 잠들게 해줄 목베개를 가방 손잡이에 걸어둔다.

일주일 동안 싸고 풀고를 반복했던 우리의 짐이, 드디어 꾸려졌다.

미안해 그리고 고마워

유럽여행! 대학 시절 꿈꾸었던 배낭여행의 한을 드디어 풀 수 있을 거라는 기대감에 가슴이 벅차올랐다. 완고한 부모님 덕분에 나는 엠티조차 힘든 대학시절을 보냈다. 여름방학 동안 배낭 하나 메고 유럽을 여행하고 돌아온 남자선배들의 영웅담으로 한동안 마음이 뒤숭숭했던 기억이 떠오른다.

'나도 언젠가는 갈 날이 오겠지' 하는 생각을 수도 없이 했지만 막상 가게 된다니 어찌나 설레는지, 마음은 벌써 파리 에펠탑 앞으로 달려가고 있다.

하지만 설렘도 잠깐, 영어로 말해본 지 10년이 넘었고 아이 둘을 데리고 한 달 동안 돌아다닐 걸 생각하니 낭만은 펑! 하고 사라졌다. 더구나 아빠 없이 가야 한다니! 겁이 덜컥 났다.

아이들 아빠의 끝없는 걱정에 일부러 용감한 척하며 혼자서도 잘 다녀올 수 있다고 큰소리 뻥뻥 쳤지만 불안감은 조금씩 커져갔다. 매일매일 마음이 흔들렸지만 우리의 여행 스케줄을 훑어보며 마음을 다잡곤 했다. 축구선수가 꿈인 아들이 맨유구장에서 행복해할 모습을 상상하며 두 주먹을 불끈 쥔다. 파이팅!

너무 불안해서 허리춤에 차는 전대까지 준비했지만, 서울 가면서 코 베일까 걱정하는 촌 아줌마가 된 것 같아 실없이 웃음도 나온다. 좋은 사람도 만나고 나쁜 사람도 만나고 세상 어디든 사람 사는 건 다 같을거야, 애써 여유를 가지려 노력한다.

우리의 모든 일정은 아이들 위주다. 그래서 첫째도 안전, 둘째도 안전이다. 모든 숙소의 전화번호와 주소, 이동경로를 남편에게 알려주어 조금이라도 마음을 놓을 수 있도록 했다. 그러나 남편은 여전히 불안한 눈빛을 감추지 않았고, 그 눈빛에 나도 모르게 주눅이 들었다. 하지만 한편으론 이번 여행이 아이들에게 큰 경험과 변화의 기점이 될 거라고 생각하며 다시 한번 파이팅을 외친다.

그런데 상사에게 결재받는 부하직원처럼 괜히 불안하고 떨리는 건 왜지?

남편만 떼어놓고 가서 미안해서 그런가? 윤허해준 남편, 고마워!

PART 2

낙엽지는
늦가을,
영국

하늘에서
컵라면 먹어봤니?

런던행 캐세이퍼시픽 항공.

식사를 가득 실은 카트가 굴러오고 있다.

"오늘 식사는 닭고기와 생선 요리에요. 뭐 드시겠어요?"

"닭고기로 주세요."

"손님, 죄송한데요. 지금 닭고기가 떨어져서 생선밖에 없습니다. 그런데 다른 쪽에서 서비스하고 닭고기가 남을 수 있거든요. 괜찮으시면 좀 기다리시겠어요?"

앞쪽에 앉은 승객들이 떨떠름한 표정으로 씹고 있는 것은 분명 생선 요리다. 닭고기를 기다리기로 한다. 차일드 밀child meal을 신청한 푸린양은 스파게티와 푸딩, 과일로 가득 찬 쟁반을 앞에 두고 생글거리고 있다. 생선 요리를 주문한 초딩군도 생각보다 먹을 만하다며 부지런히 포크질을 한다. 보고 있자니 군침만 고인다.

옆 통로의 배식도 끝났는데, 승무원은 감감 무소식이다. 주변 승객들은 일찌감치 식사를 끝내고 후식으로 곁들여진 치즈케이크에 커피를 마시고 있다. 사뿐히 걸어오는 승무원이 있어, 반갑게 눈을 맞춰보았지만 커피포트를 한번 들어보일 뿐 나의 닭고기는 모르는 눈치다. 아무래도 호출벨을 한번 눌러야겠다. 호출 사인이 뜨고 잠시 후 남자승무원이 다가온다. 나의 닭고기에 대해 물으니, 뒤쪽 승객들의 배식이 아직 끝나지 않았단다.

푸린양의 차일드 밀은 모양만 그럴싸했지 스파게티는 식어 있고 감자튀김은 물컹해서 못 먹겠단다. 용기에 담긴 푸딩 두어 스푼과 과일 몇 조각만 꺼내먹고 고스란히 남겨두었다. 생각보다 먹을 만하다던 초딩군도, 먹다 보니 생각대로 별로라며 절반을 남겼다. 두 녀석이 남긴 식사를 뒤적이며 식어버린 생선살과 물컹한 감자튀김을 오물거리는 사이, 부지런한 승무원은 벌써 식사 뒷정리를 시작한다.

'어라, 내 닭고기는?'

주변이 깔끔하게 정리되고, 몇몇 승객은 기내 담요를 머리까지 뒤집어 썼다. 제대로 자려는 모양이다.

'댁은 배가 부르니 잠이 오나 보오.'

그제서야 기내식을 쟁반에 받쳐 들고 승무원이 종종거리며 달려온다.

'나의 따끈한 닭고기로구나!'

이번 여행에서 나는, 기내에 불이 꺼지면 독서등을 켜고 아담한 넷북을 따각거리며 글을 써보려 했다. 핀 조명처럼 가는 불빛 아래서 글을 쓰는 여인, 그림이 꽤 괜찮지 않은가.

꽤 괜찮을 것 같은 그림 대신, 지금 나는 어두운 기내의 독서등 아래에서 닭고기를 썰고 있다. 앞좌석의 아저씨가 화장실을 가려다 말고 고개를 갸웃한다.

'아저씨, 두 그릇 먹는 거 아니거든요!!'

밥 먹고, 차 마시고, 영화까지 보고도, 아직 아홉 시간을 더 날아가야 한다. 두 녀석도 좁은 좌석에서 몸을 배배 꼬고 있다. 초딩군이 화장실에 다녀오다가 땅콩 봉지를 한 움큼 들고 왔다. 승무원이 음식을 준비하는 갤리에 땅콩 봉지가 수북하게 쌓인 바구니가 놓여 있는데, 지나던 승무원이 가져가도 좋다 하여 집어 왔단다.

푸린양은 땅콩을 오도독거리고, 초딩군은 좌석 모니터를 들여다보며 영화를 고르고 있다.

"어? 저 아저씨? 라면 먹는다."

틈새로 앞좌석을 넘겨다보며 초딩군이 중얼거린다.

뚱뚱한 백인 아저씨가 김이 모락모락 피어오르는 컵라면을 먹고 있다. 여행준비를 하는 중, 비행기에서 컵라면을 맛나게 먹었다는 글을 읽은 초딩군은 컵라면을 먹어보겠다고 벼르고 있었다. 과연 컵라면은 하늘에서도 3분 만에 먹을 수 있는지, 하늘에서 먹는 컵라면 맛은 어떨지 초딩다운 호기심을 보이며 기대가 대단했다. 초딩군이 침을 꼴깍 삼킨다. 마침 승무원이 지나간다.

"엄마, 컵라면 먹을 수 있는지 물어봐."

초딩군이 귓속말로 속삭인다.

"컵라면 먹을 수 있나요?"

"네. 준비해드릴까요?"

"네!"

초딩군이 냉큼 대답한다.

나무젓가락이 얌전히 누워 있는 컵라면이 도착했다. 닭고기 라면 특유의 구수하고 기름진 향이 풍겨온다. 땅콩을 오물거리던 푸린양도, 컵라면에서 눈을 떼지 못한다. 드디어 3분이 지났다.

"으음, 잘 익었어. 맛도 나쁘지 않은데!"

"엄마, 그럼 나두 먹을래!"

따끈한 컵라면을 한 그릇씩 뚝딱 해치운 두 녀석이 잠들었다. 승객들도 모두 잠들었다. 비행기마저 깊은 잠에 빠진 듯 고요하다. 배낭에 넣어둔 넷북을 꺼내려다 창으로 고개를 돌린다. 창에서 전해지는 한기가 선뜩하다. 바깥 세상은 한 줄기 빛조차도 없는 암흑이다. 어두운 기내에서, 더 어두운 세상을 바라보고 있자니 세상에 깨어 있는 것은 이 비행기와 나 뿐인 것 같다.

깜깜한 땅 위에서 작은 불빛들이 반짝인다. 밤하늘의 별자리를 옮겨놓은 듯, 따뜻한 빛을 품고 있는 소박한 마을이다.

집 떠난 지 하루도 지나지 않았는데 이런, 벌써 집이 그립다. 모니터 속의 비행기는 러시아를 지나고 있다. 비행기는 성실하게 런던을 향해 날아가는 데 나는 멀어지는 한국을 필사적으로 붙들고 있다.

이번 여행, 별 일 없겠지?

기차야, 사이좋게 지내자! 제발~

　맨체스터 유나이티드^{Manchester United} 구장에 가려면, 런던에서 기차로 두 시간 거리에 있는 맨체스터로 가야 한다. 경기장 투어는 미리 신청해 놓았으니 맨체스터행 기차가 출발하는 유스턴 역^{Euston Station}에 시간 맞춰 도착하면 된다. 이번 여행에서 처음으로 떠나는 기차여행이다. 손바닥에 살짝 땀이 밴다.

　"맨체스터행 예약했어요. 티켓은 여기 있구요."

　집에서 프린트해온 기차표를 직원에게 보여주었다.

　"4번 플랫폼으로 가세요."

　출발까지는 20분정도 여유가 있다. 흠, 그렇다면 모닝커피를 한잔 사 들고 기차에 올라볼까. 역 앞 광장에 있는 카페로 들어간다. 광장은 비 둘기로 북적이고 카페는 사람들로 북적인다. 한참 기다려 아메리카노 두 잔을 사 들고 나온다. 출발 10분 전. 지금 기차에 오르면 딱 맞겠다.

　"티켓 말구요. 카드 보여주세요."

결제한 신용카드를 말하는 건가, 신용카드를 내민다.

"이 카드 말구요. 레일카드 말이에요."

레일카드? 영국 기차를 생전 처음 타는 나에게 레일카드가 있을 턱이 없지 않은가, 무슨 카드를 말하는 건…. 아!

"아직 발급을 못 받았어요. 맨체스터 역에서 발급받으면 안 될까요?"

"안 돼요. 지금 있어야 해요."

"기차가 곧 떠나려고 해서요. 도착해서 꼭 발급받을게요. 부탁해요."

"안 돼요. 창구에 가서 발급받아 오세요!"

단호하다.

레일카드란, 영국 철도청에서 발급하는 일종의 할인카드다. 국적에 관계없이 영국 기차를 이용하는 사람이라면 누구나 신청할 수 있는데, 우리는 그중 아이를 동반한 가족에게 유리한 '패밀리카드'에 적용되는 할인요금으로 티켓을 구매했다. 그러니 우리가 역에서 가장 먼저 했어야 하는 일은 커피 가게에 줄 서는 일이 아니라 레일카드 발급 창구에 줄 서는 일이었던 것이다. 아주 새까맣게 잊고 있었다.

출발시각까지 남은 시간 5분.

아이들은 플랫폼에서 기다리기로 하고 두 엄마가 창구로 뛴다. 스무 명이 훌쩍 넘는 사람들이 창구 앞에 서 있다.

"저기요, 좀 도와주시겠어요?"

자동발권기 앞에 서 있는 역 직원을 붙잡고 다짜고짜 시간이 급박하니 먼저 처리해줄 것을 간절히 부탁했다.

"상황은 알겠어요. 그렇지만 줄을 서서 발급받는 방법밖에 없어요."

"잘 알아요. 하지만 우리 기차표는 환불이나 일정변경이 안 되는 티켓이라, 이번 기차를 놓치면 티켓을 다시 사야 하거든요. 저희는 한국에서 온 여행자인데 오늘이 영국여행 첫날이에요. 아직 익숙하지 않아 이런 문제가 생겼네요. 아이들이 지금 플랫폼에서 기다리고 있어요. 제발 도와주세요."

도대체 '플리즈'를 몇 번이나 남발했는지 셀 수도 없다. 직원이 고개를 돌려 동료와 눈빛을 나눈다.

"좋아요. 일단 줄을 서서 카드를 발급받아 오세요. 이번 기차는 이미 떠났으니까 다음 기차를 탈 수 있게 해줄게요."

다행이다. 그렇지만 아직 마음을 놓을 수가 없다.

"고마워요. 여기 티켓에 메모를 남겨주실 수 있나요? 다음 기차를 타도 좋다구요."

직원은 티켓을 받아들고 사무실로 들어가더니, 뭔가를 메모해 돌아온다.

"티켓 받으세요. 다음 기차를 타도 좋다고 메모했구요. 이건 제 이름이에요. 참, 다음 기차는 한 시간 후에요."

그제서야 우리는 긴 줄에 합류한다. 10분 후 레일카드를 손에 쥐었다.

아이들은 승객으로 가득 찬 플랫폼에서 밀려나 역 구석에 쪼그리고 앉아 있다. 푸린양 옆에 털썩 주저앉는다.

《해리 포터》의 작가 조앤 롤링이 '해리 포터' 이야기를 구상한 곳이 어디인 줄 아는가. 이제는 세계적 명소가 된 에딘버러의 카페가 아니라, 바로 런던과 맨체스터를 오가는 기차 안이었단다. 카페에서 본격적으로 글을 쓰기 전, 매일 왕복 네 시간의 출퇴근길에서 '해리 포터'라는 꼬마마법사가 탄생한 셈이다. 작가뿐 아니라 창작을 하는 모든 이들에게 가장 중요한 것은 깊은 사색이라지 않은가. 나 역시 조앤 롤링의 흔적이 남은 철로 위에서 그녀를 흉내내보리라. 창 밖으로 스쳐가는 푸른 목초지를 바라보며, 고요히 사색에 잠긴다.

'나는 왜 여기까지 왔으며, 무엇을 위해 왔는가. 나는 어떤 글을 쓰고 싶으며 무엇을 위해 글을 쓰려는가.'

"엄마! 맨체스터래."
분명히 사색중이었는데, 기억이 없다.

숨은 박지성 찾기

★ 여행 당시 박지성 선수는 맨체스터 유나이티드 구단에서 활약중이었음.

"올드 트래포드 경기장Old Trafford Stadium을 방문해주서서 감사합니다. 환영해요."

오늘 경기장 투어를 진행할 50대 후반의 콧수염 아저씨가 퉁명스럽게 인사한다.

"제가 오늘은 기분이 굉장히 나쁜 날입니다. 오늘 같은 날은 경기장 안내도 하기 싫군요. 왜냐구요? 제기랄. 어제 우리 맨유팀이 맨시티에 졌어요. 무려 6대 1로요. 그것도 바로 이 경기장에서 말이에요. 제기랄!"

사탕 뺏긴 꼬마 마냥 잔뜩 심통이 난 이유를 이제야 알겠다.

10대 아들과 나란히 맨유 점퍼를 입은 영국인 부자, 서너 살배기 금발 꼬마와 함께 온 프랑스 부부, 홍콩에서 온 아줌마 관광단 그리고 박지성 보러 온 우리팀을 포함해서 국적도 나이도 다양한 사람들 50여 명이 모였다. 기대에 찬 백 개의 눈동자가 콧수염 아저씨를 향하고 있다.

우루루.

드디어 투어가 시작되었다. 50명의 다국적 투어팀이 설레는 발걸음을 옮긴다. 처음 도착한 곳은 선수대기실. 넓지 않은 대기실에서 선수들은 간단한 식사도 하고 실없는 농담을 주고받으며 휴식을 취한단다. 맨유의 쟁쟁한 스타들이, 뷔페용 은색 식기의 동그란 뚜껑을 열고 스파게티며 로스트 비프를 덜어 먹으며 농담 따먹기를 한단 말이지. 바로 이곳에서.

박지성 선수는 어디쯤 앉았었을까 두리번거리고 있을 때였다.

"거기, 축하해요."

콧수염 아저씨가 가운데 소파에 앉은 남자를 가리키며 갑작스레 축하인사를 건넨다. 남자는 어리둥절하다.

"베컴이 앉았던 자리에 앉으셨군요! 지난번 베컴이 방문했을 때 앉았던 자리가 바로 그 자리에요."

"어머! 베컴이래! 베컴이 앉았던 자리래!"

"오 마이 베컴!"

대기실 안을 어슬렁거리던 사람들이 카메라를 꺼내 들고 분주해진다. '베컴 소파' 앞으로 순식간에 긴 줄이 생겨났다. 역시, 베컴은 아직 죽지 않았다.

선수대기실을 나와 경기장 안의 긴 복도를 지나서 이동하던 중 콧수염 아저씨가 갑자기 멈추어 선다. 벽면을 잠시 바라보더니 발등이 깨져라 한숨을 내쉰다. 그가 그토록 깊은 한숨을 내쉬게 만든 건 바로, 맨유 선수들의 내기판이다. 어제 맨시티와의 경기에 대한 승부를 가늠하면서 예상스코어를 적어두었는데 어쩌면 그리 한결같이 승리를 점쳤는지…. 첫골 예상주자로 뽑힌 선수들 이름 사이로 'PARK'이 보인다. 루니를 고르고 박지성을 선택하면서 상금 받을 생각에 낄낄거렸을 표정이 스친다. 골수팬인 콧수염 아저씨는 한숨이 나올지 모르겠지만 날라리팬인 나는 그저 웃음만 터져나올 뿐이다.

'듣자하니 자네들 어제 6대 1로 졌다 하더만.'

아무짝에도 쓸모없게 된 점수 내기판을 지나 우리가 도착한 다음 장소는, 선수들이 유니폼을 갈아입는 드레싱룸이다. 문이 열리자 락커 앞에 걸린 현역 선수들의 붉은 유니폼이 한눈에 들어온다. 관람객들이 순식간에 흩어진다. 콧수염 아저씨의 설명 따위는 안중에 없다. 좋아하는 선수의 유니폼을 뒤에 두고 사진 찍느라 모두들 여념이 없다.

사람들에게 단연 인기있는 선수는 역시 루니다. 영국인 부자, 프랑스인 가족은 물론이고 홍콩 아줌마들도 루니의 유니폼과 사진 한 장 찍으려는 일념으로 묵묵히 긴 줄을 건디고 있다. 박지성 선수 유니폼 앞에서도 서너 명의 외국인이 사진을 찍고 있다. '팍지쏭 팍지쏭' 하는 그들에게 또박또박 정확하게 '박!지!성!' 하고 원어민의 발음을 들려주었다. 고작 유니폼 앞에서 어깨에 힘이 들어간다.

"여기 두 줄로 서세요."

우리를 두 줄로 서게 하더니 콧수염 아저씨가 어딘가로 전화를 건다.

잠시 후 장내에 활기찬 행진곡 소리가 울려 퍼진다.

여기가 바로 그곳이다. 박지성 선수가 경기에 나서기 전 자신에게 주문을 건다는 바로 그곳.

'나는 지금 터널 안에 서 있습니다. 맨체스터 유나이티드 홈구장 올드 트래포드 모서리 끝 빨강지붕이 얹힌 곳입니다. 경기 전, 나는 항상 이곳에 서서 경기출전을 준비합니다.'

스스로 그라운드에서 '내가 최고다'라고 주문을 걸며 승리를 다짐했던 그 장소에 나와 아이들이 서 있다.

"입장!"

아저씨의 구령에 맞춰 마치 게임에 출전하는 선수가 된 듯 가볍게 뛰어 운동장으로 입장한다. 즐거운 환호성과 함께 뛰어가는 관람객들을 뒤따르느라 푸린양도 짧은 다리로 분주하다. 오합지졸이지만 지금 이 순간만큼은 우리도 프리미어리거다.

과연 5성급 구장답다. 축구 경기장도 호텔처럼 등급을 매기는데, 맨유의 구장인 올드 트래포드 경기장은 5성급이다. 전 세계 선수들이 뛰어보고 싶은 구장이기도 하니, '꿈의 구장'이라는 별칭 역시 제격이다. 축구에 별 관심없는 이 동양의 아줌마조차 구경이라도 오고 싶었던 곳이니, 축구를 꿈꾸는 이들의 간절함은 어떠하겠는가. 그 꿈을 현실로 이루어낸 박지성 선수가 새삼 존경스럽다. 운동장은 어제 경기의 참혹함을 잊으려는 듯, 복구에 한창이다.

출구와 연결된 기념품숍에서 정신을 쏙 빼놓고 쇼핑하기를 한 시간, 모든 투어를 마치고 경기장 밖으로 나온다. 바람이 거세다. 해가 지기 시작한 맨체스터의 하늘은 먹구름으로 가득하다. 금세라도 비가 쏟아질 것 같다. 발걸음을 서둘러 옮기다가, 루니와 나란히 경기장 벽면을 빛내고 있는 박지성 선수의 사진을 발견했다. 환하게 웃고 있다.

"초딩, 여기서 박지성 선수 사진을 보니까 기분이 어때?"

"멋있네."

역시 대답이 싱겁다(초딩군은 축구를 좋아하지 않는 희귀한 대한민국 남자초딩이다).

"멋있지? 저렇게 되기까지 박지성 선수가 얼마나 노력했는지 알겠어? 그러니까 네 꿈을 이루기 위해 열심히 공부해야겠지?"

마지막 잔소리는 안 했으면 더 근사한 엄마였을 텐데….

축구 말고, 축구선수만 좋아하는 우리 가족이, 열두 시간을 날아서, 다시 두 시간 기차를 타고 이 작은 도시에 온 이유는 순전히 그 때문이다. 스산한 공업도시 외곽에서 외로움을 건디며 그가 얼마나 치열하게 노력하고 있는지, 아이에게 전해졌으면 좋겠다.

벼룩시장에서
티아라 사진을?

"유럽 사람들이 진짜 저렇게 소녀시대를 좋아할까?"

한국 가수들의 유럽 공연 영상을 보며 초딩군이 묻는다. 특정한 가수나 배우에 대해 광적으로 애정을 품는 팬들은 어느 나라에나 있게 마련이다. 환호하고 울부짖기까지 하는 화면 속 파란눈의 아가씨들은 그런 부류의 소수가 아니겠는가. 하지만 그녀들이 열광하는 가수는 단지 소녀시대만이 아니다. 이름조차 생소한 팀에게도 아낌없이 환호성을 지른다.

"엄마! 좋은 생각이 났어. 여행가서 케이팝K-pop 가수 사진을 팔아보면 어떨까?"

"어차피 벼룩시장에 갈 거니까 나쁘지 않겠네."

다음 날부터 초딩군은 분주했다. 하교시간이 늦어지고 책상 앞에서도 문제집 대신 수첩을 들여다보며 뭔가를 열심히 끄적거렸다.

"티아라 사진만 팔려고 했는데 문구점에 가 보니 사진 말고 수첩이랑 메모지도 있더라고. 사진 한 장에 500원인데 거기선 얼마 받으면 좋을까?"

초딩군은 매진을 앞둔 장사치마냥 히죽거렸다. 한국에서 직접 들여온 물건이니 비싸도 팔리지 않겠냐는 아빠의 대책없는 조언을 듣고, 초딩군은 사진 한 장에 1유로씩 팔기로 했다. 사진 뒷면에 가수 이름과 고객의 이름을 한국말로 적어주는 서비스도 해줄 거란다. 아무래도 장사가 좀 되려면 슈퍼주니어나 소녀시대 사진도 있어야 할 것 같다며 자본금을 늘려야겠단다. 일이 점점 커진다.

'돗자리만 펼치면 팔 수 있을까?'

동네 벼룩시장에도 선착순 등록을 마쳐야 물건을 팔 수 있다는 엄연한 규칙이 있는데 규모가 큰 상설시장이라면 뭔가 제대로 된 규정이 있지 않겠는가. 벼룩시장 중 학생이나 시민들의 참여가 가장 많다는 브릭레인Brick Lane 마켓 담당자에게 이메일을 보냈다.

'여행중인 한국 아이가, 시장에서 문구류를 팔려고 하는데 가능한가요?'

다음 날, 한 줄짜리 질문에 비해 과하게 긴 답장이 왔다. 요지는 이렇다.

'17세 이상만 판매자로 등록할 수 있다. 75파운드를 내고 허가받아 등록해야 한다. 허가는 3년간 유효하다. 어떤 물건을 팔 예정인지 소개문을 보내주길 바라며, 그 품목이 시장에서 팔기 적합한지 검토한 다음 승인하겠다. 다른 이와 겹치는 품목은 판매할 수 없다. 사전에 사무실에서 소정양식의 서류를 등록해야 한다.'

한숨이 푹 나오는 답장이었다. 1유로짜리 사진 몇 장을 팔기 위한 절차치고는 너무 과했다. 17세도 아니고, 반나절 좌판을 위해 3년짜리 허가를 받을 계획도 없으며 런던 사무실에 들러 서류 작성할 수준도 못되는 엄마를 둔 초딩군은, 벼룩시장을 접어야 한다는 결론에 도달한다. 다른 걸 다 극복한다 처도 원가 500원짜리 사진을 1유로에 무려 90장을 팔아야 겨우 허가비용 75파운드를 건지는 셈이다. 90장이라니? 소심하기로 국가대표급인 초딩군이?

헤죽거리며 계산기를 튕기고 있는 초딩군에게 슬픈 소식을 전했다. 엄마가 귀찮아서 그러는 거 아니냐는 눈초리로 쏘아보더니, 외국인에게 90장 팔아야 겨우 본전장사다, 할 수 있겠냐? 너 혼자서? 라고 말하자 비로소 눈빛이 순해졌다. 허가비용이 어쩌고 본전이 어떻고 영어실력까지 들먹이긴 했지만 하루이틀쯤 투자해볼 만한 특별한 경험이긴 할 텐데…. 깔끔하게 마음을 정리한 초딩군과 달리 자꾸만 미련이 남는다. 모르는 척 자리 펼까?

일요일, 이른 아침을 챙겨먹고 길을 나선다. 모든 여행서가 '영국에서 가장 자유롭고 창의적인 곳'이라고 한결같이 입을 모으는 브릭레인 마켓으로 가는 길이다. 런던을 대표하는 벼룩시장이며 런더너의 자유와 젊음을 제대로 느낄 수 있는 곳이라고 침을 튀기며 칭송해 마지않는 곳이니, 슬슬 기대가 된다.

군데군데 모여있는 사람들이 보인다. 브릭레인 마켓이다. 오래전 공장지대였다더니, 해 지고 나면 불량 청소년들이 드럼통 위에 걸터앉아 부적절한 일을 모의하기에 딱 적당한 곳이다. 오래되고 거무튀튀한 건물들이 난잡한 낙서로 뒤덮여 있다.(누군가에겐 예술일 수도 있지만) 런던 시민들이 들고 나온 오래된 물건이라거나 학생들의 기발함이 엿보이는 상품들은 오늘따라 눈에 띄지 않는다. 귓불에 빈틈없이 피어싱을 한 젊은이가 보자기 한 장을 바닥에 펼쳐놓고 조악한 팔찌들을 팔고 있을 뿐이다. 딸기와 키위를 작게 잘라 넣은 플라스틱 컵을 백 개쯤 늘어놓은 과일주스 리어카와 그만한 공간을 차지한 음식 리어카들이 양쪽 담벼락을 따라 쭉 늘어서 있다.

공룡처럼, 콜라병처럼 생긴 젤리들로 가득 찬 리어카 앞에 푸린양이 딱 멈춰선다. 시큰둥한 주인장에게 젤리 몇 개를 사서 건너편 빈 탁자에 둘러앉는다. 콜라병 모양 젤리에서 풍기는 콜라향이 제대로다. 봉투를 부욱 찢어 탁자 위에 펼쳐놓은 우리에게 한 남자가 다가온다.

"여기는 음식 먹는 곳이 아니에요. 저쪽으로 가요!"

남자가 가리키는 곳에는 칙칙한 담벼락 아래 플라스틱 의자가 몇 개 놓여 있다. 아가씨 몇이 걸터앉아 담배를 피우고 있다. 아이들을 너구리 소굴로 쫓아내는 거냐며 따져묻고 싶지만 남자의 포스에 기가 눌려 슬그머니 엉덩이를 뗀다. 본격적으로 시장 구경을 하기도 전에, 우리는 기가 죽었다. 덩달아 의욕도 잃었다. 의욕을 잃으니 모든 게 시큰둥하다. 아무래도 배가 고파 더욱 그런 것 같다.

음식 냄새가 풍겨오는 건물로 들어가니 좁은 입구와 달리 널찍한 내

부에 세계 각국의 음식이 즐비하다. 멕시코 타코와 스페인 빠에야를 비롯해 생전 처음 보는 미얀마나 티베트, 에티오피아의 음식까지 저마다의 색과 향을 뿜내고 있다. 심사숙고 끝에 미얀마의 매운 닭고기 덮밥과 스페인 빠에야 그리고 일본 오꼬노미야끼와 삼각김밥을 고른다. 음식 선택에 있어서만큼은 절대로 모험심을 발휘하지 않는 내가 일말의 정보도 없는 미얀마 음식을 고른 건 순전히 주인 부부의 친절함 때문이다. 젊은 부부가 재료와 요리법, 먹는 방법까지 어찌나 상세하고 친절하게 설명해주는지, 도저히 그냥 지나칠 수가 없었다.

일회용 도시락에 담긴 3개국의 요리를 앞에 두고 앉았다. 기대된다!

!!

짜다. 벌컥벌컥. 물 한 병을 순식간에 비운다. 그나마 짠맛이 덜한 미얀마 음식에만 손이 간다. 날아가는 밥알을 포크로 긁어모아 매콤한 닭고기를 얹어, 후두두 밥알이 떨어지기 전에 입 속으로 털어넣어야 하는 신속함이 필요하다. 삼각김밥을 집어든 푸린양은 두어 번 베어 먹다가 내려놓는다.

"짱구는 되게 맛있게 먹던데…"

비상식량인 소시지 하나를 꺼내 오물거린다.

마켓은 훨씬 복잡해졌다. 색바랜 티셔츠 무더기를 싸들고 나온 젊은 이가 보이고, 촌스러운 구두 더미를 쌓아둔 아가씨도 새로 자리를 잡았다. 그들 말고는 전문 장사치뿐이다. 그들 앞에는 키 작은 낡은 선풍기

며 가장자리가 헐은 여행 가방이 영국 물가를 감안한다 쳐도 납득하기
어려운 가격표를 달고 있다.

"이건 앤틱이야. 50년 전 물건이라구."

보물을 다루듯 어루만지며 장사치가 얘기한다. 옛것을 귀하게 여기
는 정신이 있었기에, 과거와 현재가 사이좋게 공존하는 지금의 영국이
존재함은 부인할 수 없다. 하지만 나처럼 소비의 효율성이 더 중요한
사람은 제 아무리 50년 전 물건이래도 벌겋게 녹이 내려앉은 선풍기를
100파운드에는 못 사겠다. 도저히.

우리를 너구리 소굴로 쫓아낸 매정한 남자와 짜디짠 오꼬노미야끼로
기억될 뻔한 하루였다. 그럴 뻔 했는데 한 바구니에 1파운드라는, 벼룩
시장다운 가격의 귤 뭉치를 사고 나니 마음이 좀 풀린다. 시큼한 귤을
부지런히 까먹으며 지하철 역을 향해 걷는다.

"엄마! 난 마트가 좋아. 여긴 너무 시끄럽고 지저분해."

여섯 살 푸린양의 소감이다.

"음식이 진짜 짰어! 아, 별로야!"

이번엔 K네 아홉 살 꼬마의 평가다.

"여기서 티아라 사진 팔았으면 망했을 것 같아!"

초딩군이다.

그래, 아마추어가 도전할 일이 아니었다!

템즈강은 빛나고
아이는 잠들고

"아무래도 오늘뿐이지?"

옥스퍼드에서 돌아와 일찌감치 저녁을 해먹었다. 커피 한잔 마시고, 꼬릿꼬릿한 냄새 풍기는 양말까지 빨아 널었는데도 시간은 아직 7시다. 2,3일 전만 해도 갑작스레 늘어난 활동량과 적응 못한 시차 탓에 몸이 바닥으로 꺼질 지경이었는데 이제 완벽히 유럽여행자의 몸이 되었다. 아주 쌩쌩하다. 이런 날일수록 푹 쉬며 체력을 비축해야 하는데, 그렇게 보내자니 흘러가버릴 시간이 너무 아깝다. 욕심 부리지 말자고 했던 다짐은 사라진 지 오래다.

영국에서의 남은 일정을 점검해 보니, 런던 야경을 볼 수 있는 날은 오늘뿐이다.

얇은 가이드북에 야경명소 몇 곳이 소개되어 있지만, 친절하고 사명감 넘치는 런던 전문 기이드 좀 활용하자.

"오늘 저녁에 야경을 보러 가려구요. 추천 좀 해주시겠어요?"

호스텔 아저씨가 눈을 빛내며 지도 두 장을 펼쳐든다. 런던 시내 지도와 지하철 노선도. 볼펜 한 자루를 마이크 삼아 런던아이^{The London Eye}와 타워브리지^{Tower Bridge}의 야경이 얼마나 아름다운지, 그러니 런던의 야경을 절대로 놓쳐서는 안 된다는 호스텔 아저씨의 열정적인 브리핑을 들었다. 10분 사이에 영어 리스닝 실력이 열 배는 향상된 것 같다. 그런데 왜 이리 머리가 띵하냐. 야경 포인트는 타워힐 역^{Tower Hill Station}에서 가깝다는 런던브리지^{London Bridge}로 정했다. 타워브리지가 가장 멋지게 보이는 곳이란다.

저녁도 먹었겠다, 기운도 넘치겠다, 호기롭게 길을 나선다.

앗! 쌀쌀하다.

지하철은 퇴근하는 런던 시민들로 만원이다. 높은 손잡이에 매달려 좁은 지하철에서 흔들렸더니 이내 기운이 빠진다.

밤 10시에도 북적이는 숙소 근처 얼스코트 역^{Earls Court Station} 주변과 달리 이곳 타워힐 역은 어둡고 고요하다. 지하철에서 우루루 내린 그 많은 사람들은 다 어디로 간 걸까. 오가는 사람도 드물고, 거리의 조명마저 희미하다. 어디로 가야 할지 모르겠다. 멀리서 걸어오는 정장 차림의 아가씨를 기다려 길을 묻는다. 호스텔 아저씨만큼이나 친절하게 길을 알려준다. 머리 위로 고가도로가 지나가는 어둑한 길을 한참 동안 걸었다.

"엄마, 이 길이 정말 맞아?"

"길 가르쳐준 누나 말이야, 되게 똑똑해 보였잖아. 그러니 맞을 거야.

맞겠지?"

맞을 거라는 믿음이 필요할 만큼 길에는 인적이 없다. 도로변에서 벗어날수록 상점도 가로등도 없어 더욱 어두컴컴하다. 길 끝에 검은 철조망이 둘러진 공터가 있고, 그 공터 가운데 가죽바지를 입은 불량배 무리가 어슬렁거리고 있을 것만 같다. 무리 속에, 똑똑해 보이던 그 아가씨가 '씨익' 웃고 있을지도 모른다. 말도 안 되는 불길한 상상이 비구름 커지듯 걷잡을 수 없이 부풀고 있다.

"우와!!"

앞장 선 초딩군이다. 불길한 상상 구름이 비가 되어 쏟아붓기 전에, 우리는 다행히 목적지에 도착했다.

"여기, 런던 맞구나!"

신기루인 듯 타워브리지가 '짠' 하고 등장했다. 푸르스름한 조명을 받은 타워브리지는 검푸른 템즈 강물 위에서 근사하게 빛나고 있다. 어릴 적 따라 불렀던 동요 속에 나오는, '런던브리지 폴링 다운 폴링 다운' 하는 바로 그 다리다. 굳이 정정하자면 노래에서는 런던브리지가 '폴링 다운' 하지만, 실제로 '폴링 다운'하는 다리는 타워브리지다. 그러니깐 우리는 지금, 실제로는 절대로 '폴링 다운'하지 않는 튼튼한 콘크리트 다리인 런던브리지 위에 서서 1년에 200번 '폴링 다운'하는 타워브리지를 바라보고 있는 것이다.

"멋지다!"

"근사한데!"

초딩군과 번갈아 감탄하고 있는 동안, 푸린양이 조용하다.

"푸린아, 저 다리 멋있지?"

"으응? 응. 근데 나 너무 졸려."

푸린양이 엄마 팔에 머리를 기댄 채 눈을 반쯤 감고 있다.

"많이 졸려? 우리 사진 한 장만 찍고 가자."

"근데 엄마, 나 너무너무 졸려. 말도 잘 못하겠어."

너무 졸려서 말할 기운도 없다는 아이를 오빠랑 나란히 다리 앞에 세워두고 급히 사진을 찍는다. 졸다가 픽 쓰러질 것 같은 푸린양을 결국 업었다. 등에 얼굴을 붙이더니 금세 깊은 잠에 빠진다.

아이를 업은 채 한참 동안 타워브리지를 바라본다. 이름난 관광지에서 인증샷이나 찍어대는 건 관광이지 여행이 아니라고들 한다. 그렇다면 이름없는 동네, 한적한 골목길을 거니는 것만 여행이란 말인가? 여행이란, 누가 어디를 어떤 방법으로 하건 그에게 영감을 주고 감동을 주면 그만이다. 남과 같은 방법으로, 같은 장소로 떠났다고 해서 여행의 가치가 줄어드는 건 아니다. 촌스러워도 어쩔 수 없고, 그건 여행이 아니라 해도 별 수 없다. 그러니 나의 여행이 타워브리지에서 시작해 에펠탑에서 마무리하는 촌스러운 관광 코스라 해도, 비웃지 마시라.

여행이건 관광이건, 일단 체력이 좋아야 할 텐데…. 아, 다리 아프고 허리 아파 죽겠다. 잠에 빠진 푸린양을 업고 엉거주춤하게 서 있자니 죽을 맛이다.

"저쪽 정류장 의자에 앉자!"

정류장의 차디찬 플라스틱 의자 위에 잠든 푸린양을 잠시 내린다. 초딩군도 잠시 쉬겠단다.

"야경 사진 몇 장만 찍고 올게. 잠깐만 기다려줘."

타워브리지의 야경을 부지런히 카메라에 담는다. 맨체스터도 멋있고 옥스퍼드도 좋았지만 영국여행의 백미는 역시 런던이다!

'휘잉'

강바람이 차다.

차디찬 손을 주머니에 찔러 넣고 아이들이 기다리는 정류장으로 걷는다. 좁은 의자에 엉덩이를 붙이고 있는 아이들이 보인다. 그 사이 초딩군은 두르고 있던 목도리를 동생에게 둘러주었다. 푸린양은 오빠에게 기대어 잠들어 있다. 차디찬 의자에 앉아 불편하게 잠든 아이를 보니, 런던의 야경 따위가 무슨 소용인가 하는 생각이 든다. 아이와 함께하는 여행이니, 욕심 부리지 말자고 결심했는데…. 아이들 컨디션에 맞추며 여행하자고 다짐했는데…. 오늘은 결국 추운 길거리에서 잠들게하고 말았다. 아이는 추운지 오빠 품으로 자꾸자꾸 파고 든다.

"이제 가자. 힘들었지?"

"난 괜찮은데, 아가가 추운가 봐."

잠든 아이를 다시 업는다. 이제 아이를 업고 계단을 내려가 지하철을 타고, 다시 계단을 올라가 지하철 역을 벗어난 다음, 숙소 계단을 올라 3층 우리방 침대까지 가야 한다. 머릿속에 그려지는 건 아득한 계단뿐이다. 발을 떼기도 전에 한숨부터 나온다.

'아이고 힘들다,' 싶을 때 초딩군이 대신 업어주었다. '아이고 죽겠다,' 싶을 때 누군가 양보해주는 자리에 앉을 수 있었다. '진짜 못가겠다,' 싶을 때쯤 푸린양이 잠에서 깼다.

"걸을 수 있겠어? 다 왔는데."

"응, 걸어갈게. 오빠! 벌써 호텔에 다 왔네."

"벌써라니? 너 업고 오다가 죽을 뻔했거든!"

어린 아이들을 데리고 다니자면 마음도 단단해야 하고 몸도 튼튼해야 한다. 아이가 밖에서 잠들어버리는 오늘같은 날이면, 몸도 고단하고 마음도 불편하다. 그래도 어린 동생을 귀찮다 하지 않는 오빠 녀석이 있어서, 짜증 없이 발딱 일어나 걸어주는 꼬마가 있어서, 이 여행 할 만하다.

오늘 고마웠다!

우리들의
괴로운 숙소

우리가 머물고 있는 호스텔은 위치가 아주 좋다. 지하철 얼스코트 역에서 걸어서 3분이면 도착하는 거리에다 지하철 두 개 라인이 교차하는 역이니 시내 어느 곳이든 수월하게 갈 수 있다.

게다가 아침식사도 제공된다. 런던에서 아침식사가 제공되는 호스텔은 그리 많지 않다. 사무실이 있는 2층에는 둥근 테이블 세 개와 등받이 없는 의자 몇 개로 꾸며진 주방 겸 라운지도 있다. 이 조촐한 공간에서 여행자들은 요리하고 식사하고 차를 마시고 노트북을 두드리고 긴 수다를 늘어놓는다. 호스텔 아저씨가 출근길에 사오는 따끈한 빵과 시리얼, 우유와 주스가 주방에 세팅되는 오전 7시 반쯤 아침식사가 시작된다. 종이 울리는 것도 아닌데 여행자들은 귀신처럼 알고 주방으로 몰려든다. 보글보글 물을 끓여 커피를 타고, 부드러운 빵 두 쪽을 들고 구석 테이블에 앉으면 아이들이 우유가 넘치도록 시리얼을 말아온다. 어떤 날은 크루아상, 어떤 날은 시나몬 롤. 빵집 사정에 따라 우리의 아침도 달라진다. 어떤 빵이든 상관없다. 남이 해주는 건 무조건 맛있다.

초딩군과 머리를 맞대고 생각해낸 우리 호스텔의 장점은 딱! 여기까지.

훌륭한 입지와 맛있는 아침으로도 용납되지 않는 호스텔 속사정을 털어놓아야겠다. 호스텔에서 가장 비싼 10만원짜리 더블룸, 즉 우리방에는 푹 꺼진 2인용 침대와 성질 고약한 유령이 살고 있을 것 같은 낡은 옷장 하나 그리고 고물상에서도 구하기 힘든 14인치 브라운관 텔레비전이 있다. 공간의 효율적 활용과 투숙객의 동선을 고려한 배치 덕분에 텔레비전은 벽에 걸려 있는데, 그 높이가 사람 키를 훌쩍 넘는다. 40인치 텔레비전을 코 앞에 두고 보던 우리에게 2미터 높이에 있는 14인치 텔레비전은 망원경이 없으면 시청이 불가한, 한마디로 무용지물인 것이다. 텔레비전이 전망대 위로 올라갔음에도 불구하고 방에서 우리 세 식구가 오순도순 모여 앉을 수 있는 곳은 푹 꺼진 침대뿐이다. 침대 위에서 옷을 입고 돈 계산을 하고 심야간식을 먹어야 한다.

화장실과 샤워실은 공용이다. 아침이면 샤워 타월만 두른 글래머 여인들과 눈인사를 나누고, 캘빈클라인 팬티를 입은 복근 짱짱한 고수머리 청년들과 화장실 앞에서 마주친다. 눈은 즐거우나 장까지 즐거운 건 아니다. 변비를 동무처럼 끼고 사는 나에게 공동화장실이라니, 생각만 해도 아랫배가 묵직해 온다. 우리 숙소를 한마디로 소개하자면 이렇다. 붐비는 공동화장실을 써야 하는 10만원짜리 좁아터진 2인실!

너무 좁다고 투덜거리는 나에게 호스텔 아저씨가 대꾸한다.

"여긴 런던이잖아!"

본전 생각을 떨칠 수 없는 나는 궁시렁거리며 돌아선다.

"여긴 10만원이잖아요!"

"엄마, 허리 아파!"

이틀째 초딩군이 허리가 아프단다. 감기도 아니고 배탈도 아니고 허리가 아프다니 이만저만 걱정이 아니다. 메고 다니는 배낭 속 짐을 덜어내기도 하고, 아예 내가 대신 메기도 하는데 여전히 아파한다.

푹 자고 난 아침에도 허리가 아프다니 오늘은 잠자리를 바꿔봐야겠다. 벽면에 붙어 있는 침대의 안쪽이 초딩, 가운데가 푸린, 맨 바깥쪽이 내 자리인데 누워보지 않아도 알겠다. 초딩군 자리의 침대 상태가 말이 아니다. 허리 부근의 매트리스가 푹 꺼져 있는 데다가 살짝만 누워도 굵은 스프링의 거친 느낌이 등 전체로 생생하게 전해진다. 무슨 말장난이냐며 비웃었는데, 호스텔 침대에 누워보니 알겠다. 침대는 과학이다! 그것도 굉장히 중요한 인체과학!

해가 지면 우리는 좁고 붐비고 침대마저 망가진 이곳으로 돌아와야 한다. 옷을 갈아입고 양말을 주물러 빨고 일기를 쓰고 가계부를 쓰고 오물오물 간식을 먹는다. 푹 꺼진 매트리스 위에 두툼한 샤워타월 두 장을 깔았더니 그럭저럭 잘 만한 상태가 되었다. 딸깍, 스위치를 켜고 5분이 지나야 비로소 보일 만한 밝기에 도달하는 샹들리에를 올려보며 짜증내는 일도 줄었다. 타월을 두른 글래머 언니들이 등장하기 전에 샤워를 마치고, 팬티바람의 복근오빠들이 퇴장한 후에 화장실에 들어

가는 타이밍의 달인이 되었다. 그렇게 적응하며 조금씩 익숙해졌다.

영국에서 유학중인 한국인 누나와 대영박물관 투어를 하고 온 저녁이었다. 가난한 유학생이라 주말이면 가이드 아르바이트를 해야 한다는 그녀가 어쩐 일인지 가난해 보이지 않았다. 공부가 어려워서 언제 끝낼 수 있을지 모르겠다며 암담한 표정을 짓는 그녀가 조금도 암담해 보이지 않았다. 설명하기 힘든 활기가 그녀에게서 느껴졌다. 나는 오히려 그녀가 부러웠다. 여느 날처럼 호스텔 문을 열고 들어서다가 문득 '이 방이 내 방이었으면…' 하고 생각했다. 스프링 튀어나온 더블침대 대신 작고 튼튼한 싱글침대를 들이고, 먼지 낀 낡은 옷장은 양초를 문질러 반질반질 윤을 내고, 구석에 아담한 책상을 놓고 싶어졌다. 환한 스탠드 하나 올려두고 밤늦도록 불 밝히며 공부하고 싶어졌다. 유학생활, 그것은 나의 묵은 소망 중 하나였다. 막 해외여행이 자유화된 시절의 지방대생에게 어학연수며 배낭여행은 가당치도 않은 일이었다. 막 가장을 잃은 집안에 유학비용을 기대할 수 없었고, 스스로 헤쳐가보겠다는 생각은 더더구나 하지 못했다. 시절 탓이네, 형편 탓이네 하며 한심하게 시간을 흘려보냈다. 결국 나의 용기 탓인 것을.

10년만 젊었더라면 유학을 시도해볼 텐데…. 아니 30대이기만 해도 공부하러 떠나올 수 있을 텐데…. 이번에는 나이 탓을 하고 만다. 문제는 나이가 아닌 걸 알면서도 나이 뒤로 또 숨고 있다. 비겁하고 용기없는 나를 만나는 일, 그것이 이 숙소에서 가장 괴로운 일이다.

episodes 10

레고랜드
1박 2일!

"굿바이 더블룸!"

얼스코트 호스텔 더블룸은 오늘부로 굿바이다. 오늘부터 1박 2일 동안 윈저^{Windsor}로 여행을 떠난다. 돌아와서는 4인실 도미토리에서 지낼 예정이니 본격적인 호스텔의 세계를 경험하게 된다. 더블룸의 꼬라지가 마뜩찮으니 도미토리 상태가 심히 걱정된다.

"내일부터 4인실에 묵기로 예약되어 있는데요. 방을 미리 볼 수 있을까요?"

"지금은 손님들이 묵고 있어서 보여주기 힘들어요. 하지만 걱정 말아요. 우리 호텔에서 제일 좋은 방이에요. 베에리 나이스!"

'아저씨! 지난 번 우리방도 베에리 나이스하다고 했었거든요.'

커다란 짐가방을 호스텔에 맡겼다. 배낭 하나 메고 가벼이 길을 나선다. 영국 여왕이 살고 있는 윈저성과 레고로 만든 놀이공원인 레고랜드로 여행 속의 작은 여행을 떠난다.

이방인의 터치를 본능적으로 감지한 패딩턴 역Paddington Station의 자동발권기는 역시나 순순히 우리의 기차표를 뱉어낼 생각이 없다. 예약서류를 들고 창구에 가서, 너무너무 느린 역무원 아저씨가 전해주는 기차표를 받아드니 또 한바탕 기차로 뛰어야 할 시간이다.

윈저 센트럴 역Windsor & Eton Central Station에서 다시 레고랜드행 시내버스로 갈아타고 단풍이 완연한 교외도로를 천천히 달린다. 우리의 가을과 똑닮은 익숙한 풍경에 마음이 편해진다. 센트럴 역에서부터 부슬부슬 내리던 비도 말짱하게 그쳤다.

짜잔!

맑고 파란 하늘 아래로 알록달록 귀여운 레고랜드가 등장했다. 버스정류장마저 레고블럭을 쌓은 모양이라니…. 아이들은 걸그룹의 노래를 부르면서 흔들흔들 댄스까지 선보이고 있다.

롤리 폴리 롤리 롤리 폴리~.

미국 캘리포니아의 레고랜드와 함께 대단한 돈을 벌어들인다는 세계적인 놀이공원 치고는 정문이 소박하다. 소박한 정문을 지나니, 작은 광장을 가운데 두고 양옆으로 컬러풀한 락커와 아기자기한 기념품숍들이 줄줄이 이어져 있다. 귀신에 홀린 듯 기념품 가게로 빨려 들어가는 푸린양을 잽싸게 잡아왔다. 본격적인 탐험을 시작하기 전, 윈저의 전경이 한눈에 펼쳐지는 광장 끄트머리에 섰다. 멀리 보이는 윈저성의 둥근 원형탑과 가을빛 완연한 숲, 가랑비에 젖은 붉은 지붕이 마치 한 폭의 가을 수채화 같다.

백조며 난쟁이며 길 따라 놓인 블록 인형들을 구경하며 슬슬 산책만 해도 충분히 좋은데 아이들은 공원 지도를 펴들고 놀이기구를 탐색중이다. 세 살부터 열두 살 아이들을 위한 놀이공원이라더니 놀이기구들이 약소하다. '꽥꽥' 비명소리도 들리지 않고 천천히 느리게 도는 대관람차도 없다. 영국판 아마존 익스프레스라고 할 만한 놀이기구에 올라탔다가 엉덩이만 홀딱 젖었다. 한 일가족이 커다란 자판기같은 곳에 들어가 엉덩이를 뒤로 빼고 엉거주춤하게 서서 몸을 말리고 있다. 전신 온풍기라는 것이구나. 엉덩이를 말리던 가족이 빠져나간 자판기 속으로 우리도 쏙 들어간다. 훈훈한 바람이 온몸을 데워준다. 엥? 고작 5초나 지났을까? 훈풍이 딱 멈춘다.

"엄마, 이거 돈 내고 하는 기계네. 2파운드야."

"그래? 돌아다니다 보면 금세 마를 거야."

고작 엉덩이를 말리려고 2파운드를 쓸 수는 없잖아! 앞 가족이 쓰다 남은 5초짜리 훈풍 맛을 본 아이들이 심하게 짜증을 낸다.

감사하게도 아주 적절한 타이밍에 바이킹이 등장해주었다. 유아와 어린이를 위한 주니어 바이킹이다. 아이들이 바람처럼 달려간다. 회전목마도 싫어하는 푸린양과 일상이 스릴인 두 엄마는 탑승 사절이다. 긴 줄인데도 아이들은 밝은 표정으로 기다리고 있다. 긴 줄의 절반은 어른들이다. 어린 아이들을 데리고 타려나 보다. 참 좋은 부모로구나.

5분징도 시간이 흐르고, 이제 우리 아이들이 바이킹을 탈 차례가 되었다.

"엄마!"

아이들이 부른다.

"얘는 탈 수 없대."

그때 K의 아홉 살 아들이 성난 얼굴로 걸어온다.

"무슨 일이야?"

"나는 어려서 탈 수 없대. 12세 이상만 혼자 탈 수 있고 내가 타려면 보호자랑 같이 와야 한대."

아파트 단지에 들어오는 야시장용 바이킹보다 고작해야 두 배 크기인 바이킹을 12세 이상만 타야 한단다. 저런 유치한 건 어차피 타고 싶지도 않았다며 짐짓 쿨한 척하지만 아이 표정에 아쉬움이 여실히 나타난다. 그리고 보니 긴 줄에 서 있는 보호자들의 멍한 표정이 눈에 들어온다. 자발적 탑승이 아닌 게 분명하다. 커트라인에 딱 걸린 '간신히 12세' 초딩 두 아이가 놀이이구 탑승을 마치고 돌아온다. 예상대로 성거웠다며 이번에는 진짜 제대로 된 바이킹을 타겠다고 뛰어간다. 김이 빠져버린 K네 아홉 살 꼬마는 엄마 옆에서 게임이나 하겠단다. 그나마 놀이기구다운 바이킹 앞에 두 초딩이 들뜬 표정으로 줄을 선다. 이번엔 스릴 좀 있겠지, 하며 기대감에 차 있다.

"엄마!"

마치 30분 전으로 시간을 돌린 듯, 아이들이 엄마를 부른다.

"무슨 일이야?"

"우리가 어려서 탈 수 없대. 16세 이상만 혼자 탈 수 있고 우리가 타려면 보호자랑 같이 와야 한대."

　대한민국 초딩이라면 두 손을 놓고도, 간이 좀 큰 초딩이라면 일어서서도 탈 만한 놀이기구를 보호자와 같이 타야 한다는 말이지. 아이들은 울상이 되었다. 그렇다면 우리 두 엄마 중 누군가가 저 바이킹을 지금 타야 한다는 말인가. 누가 먼저랄 것도 없이 우리 두 엄마는 고개를 설레설레 저었다. 누가 물은 것도 아닌데 놀이기구는 정말 끔찍하다고 목청 높였다. 비 맞은 강아지 눈동자를 한 아이들과 롤러코스터는 자신이 꼭 타겠다는 K의 간청에, 결국 내가 바이킹에 오르기로 했다. 난 바이킹도 싫고 롤러코스터도 싫고 귀신의집도 싫은 평화로운 인간이라고!

　보호자를 동반한 아이들은 당당하게 입장한다. 바이킹은 맨 뒤에서 타야 제맛이라며 거침없이 맨 뒷자리로 뛰어간다. 어차피 희생양이 되기로 했으니 자포자기의 심정으로 아이들과 나란히 맨 뒷자리에 앉았다. 놀이공원 직원이 다가온다.

　"안전을 위해 아이들이 가장자리에 앉을 수 없어요. 아이들을 가운데 앉게 해주세요."

　결국 나는, 바이킹을 끔찍하게 싫어하는 나는, 바이킹의 맨 뒷자리에서, 그것도 땅바닥이 선명하게 보이는 가장자리에 앉아, '꺄악!' 즐거운 비명을 지르는 아이들 옆에서 '끄억!' 괴로운 비명을 질러야 했다. 도대체 이 바이킹에서 보호자가 누구란 말인가!

레고로 만든 성에 들어가 레고 모양 식판에 담긴 치킨을 먹고, 레고랜드 티셔츠를 입은 곰인형을 사고, 레고 블록 의자에 앉아 안전교육을 받고, 레고 모양 자동차를 운전하고, 레고 모양 기차를 타고서 우리가 도착했던 작은 광장으로 돌아왔다. 하늘은 노을에 물들고 나무는 단풍에 물들고 푸린양의 눈동자는 기념품숍의 레고로 물든다. 몇 가지 기념품을 사들고 나오니 시각은 이미 7시. 어둡다.

주차장을 벗어나는 승용차들의 붉은 등이 좁은 도로를 메우고 있다. 이제 우리도 예약해둔 호텔로 가야겠다. 둥근 레고 블럭을 쌓아놓은 듯 표지판이 귀여운 정류장으로 지친 발걸음을 옮긴다. 버스 시간표 앞에 선다. 등 뒤에서 싸늘한 바람이 불어온다.

그런데,

아! 버스가 끊겼다!

택시 요금의
진실

"마지막 버스를 놓쳤는데요. 이 호텔로 가려면 어떻게 해야 하죠?"

"구글링해볼게요."

마치 우리가 '지식인'에게 물어보는 것처럼 '구글링'이라는 단어가 일상적이다. 창구 너머의 레고랜드 직원이 고개를 갸웃거리더니 한참 만에 눈짓을 보낸다.

"직접 가는 버스는 없구요. 택시를 타야 해요. 택시는 여기서 불러줄 수 있어요."

"택시 요금이 얼마나 나오나요?"

"25파운드요."

오늘은 비싼 놀이공원에 입장해 밥 먹고 선물까지 사느라 지출이 상당했다. 머릿속에서 '아껴, 아껴' 소리가 환청처럼 들려오고 있던 참이다. 택시비 5만원이라니! 두 가족이 나누어내면 그리 큰 금액은 아니지만 버스비 몇 천원을 예상했던 터라 그마저도 부담스럽다.

"정문 앞에 서 있는 택시랑 직접 얘기해보면 금액을 조정할 수도 있을
거예요."

직원의 조언에 기대를 걸고 어둑해진 정문 밖으로 향한다. 아직 주차
장을 빠져나가지 못한 승용차들의 행렬이 여전히 길다. 승용차 뒷좌석
에 쓰러져 잠든 아이들이 보인다. 우리 아이들도 피곤할 텐데…. 발걸
음이 빨라진다.

정문 앞 도로에는 택시가 여러 대 서 있다. 운전기사들은 자기 택시
앞에 서서 열심히 손님맞이중이다. 개중에 인상이 선해 보이는 기사에
게 다가가 호텔 주소를 보여준다.

"40파운드 주세요."

"네? 레고랜드 직원이 25파운드면 갈 수 있다고 했는데요?"

"그 금액으로는 못가요. 호텔까지 거리가 꽤 멀어요."

가망 없는 흥정은 포기하고 레고랜드 직원에게 택시를 불러달라고
하는 편이 좋겠다.

"정문에 있는 택시기사와 이야기를 해보니 40파운드나 내라고 하네
요. 여기서 호텔까지 25파운드 맞죠? 택시 불러주세요."

퇴근 준비를 하던 레고랜드 직원은 별 대꾸없이 수화기를 든다. 빨리
끝내고 싶다는 표정이 역력하다.

"요금은 25파운드 맞아요. 10분 후 레고랜드 정문으로 도착 예정이랍
니다."

말을 끝내자마자 직원은 창구의 불을 끄고 일어선다. 코 끝이 빨개진

아이들을 데리고 다시 정문으로 걷는다. 푸린양 손이 차갑다.

10분 후, 택시가 도착했다. 그런데 중동계열 운전기사가 40파운드를 내란다. 택시를 불러준 직원은 퇴근해버렸는데 10분 사이에 15파운드가 껑충 뛰어버린 택시요금 앞에서 난감해진다. 40파운드와 25파운드를 두고 진전없는 실랑이를 하는 사이 도로를 메운 승용차들도, 정문 앞에 서 있던 택시들도, 레고랜드에서 빠져나온 사람들도 모두 떠나갔다. 의연한 척하며 우리도 25파운드가 아니면 곤란하다고 우기고 있지만, 마음 한구석에서 불안이 무럭무럭 자라나고 있다.

'40파운드 내고 그냥 탈까? 이 택시마저 가버리면 우린 어쩌지?'

다행히도 불안의 싹이 더 많이 자란 쪽은 운전기사였나 보다.

"일단 타고 가면서 얘기하죠. 계속 서 있을 순 없잖아요. 일단 타요."

아직 승부가 나지 않은 싸움을 끝장내야 한다. 긴장을 풀지 않으리라!

굳은 각오가 무색하게 차 안은 포근하다. 어둡고 추운 광장에서 내내 떨었던 아이들은 금세 쌕쌕 잠이 들었다. 하품이 새나오려는 걸 이를 악물고 참아냈다. 나는 지금 노곤하지 않다!

"춥죠? 요즘 영국 날씨가 그래요. 낮에는 봄날처럼 따뜻한데 밤이 되면 겨울처럼 추워진다니까요. 아이들이 피곤했나 봐요."

창 들고 팽팽히 맞선 적수에게 박카스 권하는 이 분위기는 뭐지?

어두운 외곽도로를 한참 동안 달린다. 기사는 요즘 영국 날씨는 감기 걸리기 딱 좋으니 아이들 잘 챙겨 입히고 여행하라, 영국 사람들이 깐

깐해 보이지만 실제로는 정 많고 친절하다는 이야기를 조곤조곤 들려주었다. 한국은 김치하고 박지성을 아는데, 박지성 선수가 잘해서 기분이 좋다고 엄지손가락을 추켜올린다. 내 머릿속엔 온통 25파운드뿐인데, 기사는 단 한 번도 요금 이야기를 꺼내지 않는다.

드디어 호텔에 도착했다. 결전의 시간이다. 잠든 아이들을 깨워 호텔 안으로 들어가게 하고 기사와 나, 둘만 남았다.

"레고랜드 직원이 25파운드…."

"이제 말싸움은 그만합시다. 주고 싶은 만큼 주세요."

공이 나에게 넘어온 순간, 생각보다 먼 거리였고 늦은 시간 편하고 무사히 도착했으며 우리의 안전한 여행까지 염려해주었다는 고마운 마음이 슬그머니 든다. 에잇, 조금 더 쓰자.

30파운드를 건넨다. 알듯 모를 듯한 미소를 남기고 택시는 떠나갔다.

"엄마, 얼마 냈어?"

"30파운드."

"그럼 엄마가 이긴 거네. 우리는 원래보다 5파운드 손해지만, 택시아
저씨는 원래보다 10파운드 손해니까."

초딩군의 셈으로 치자면 내가 이긴 건데, 운전기사의 미지근한 미소
가 마음에 걸린다.

일주일 동안 허름한 호스텔에 길들여진 우리는, 드넓은 호텔 로비에
눈이 휘둥그레졌다. 유니폼을 갖추어 입고 프론트를 지키고 있는 호텔
직원의 화사한 미소에 감동까지 받았다. 깃털 못지않은 침대의 폭신함
에, 그런 침대가 무려 세 개가 놓여 있다는 것과 내일 아침은 뷔페로 먹
을 수 있다는 사실에 '우히히' 웃음이 삐져나온다. 그러나 뭐니뭐니해
도 최고의 장점은 우리만의 욕실이 있다는 것이다. 줄서지 않아도 되
고, 서두르지 않아도 된다. 좁은 샤워부스 안에서 움츠리지 않아도 되
고 욕조의 뜨끈한 물 속으로 온몸을 던져도 된다.

운전기사에게 더 주고만 5파운드 따위는 잊기로 한다. 떨이 상품의
원가나, 관광지 택시요금의 진실은 모르는 게 신상에 이로운 일이니
까. 12시가 지나면 재투성이 아가씨가 될 신데렐라처럼 내일이면 또다
시 좁고 낡은 호스텔로 돌아가야 하니, 이 호화로운 시설을 서둘러 누
려야겠다. 지금 이 순간 우리에게 필요한 건, K의 가방에 소중히 들어
있는 초록색 이태리 타월, 그것뿐이다.

쉿!
여기는 윈저

윈저성Windsor Castle으로 가는 2층 버스에 앉아 있다. 노란 낙엽이 흩날리는 런던의 가을 풍경이 좀 쓸쓸해 보인다.

푸근한 몸매, 온화한 표정의 빅토리아 여왕 동상이 도로 한가운데서 방문객을 맞이한다. 윈저성에 도착했다. 동화 주인공 라푼젤이 긴 머리칼을 늘어뜨리고 있을 법한, 윈저성의 상징인 높고 둥그런 탑이 보인다.

"꼬맹아! 동화책에 나오는 공주가 사는 성이 바로 이런 곳이야. 여기는 영국의 여왕이랑 왕자가 쉬러 오는 곳이래."

초딩군 설명에 푸린양 눈이 동그래진다.

"엄마, 여기 윈저성에 찰스 1세 유령이 나온대."

푸린양 눈이 더욱 동그래진다.

"참수당한 찰스 1세가 윈저성 주변에 묻혀 있는데 유령으로 나타나서 성 안을 돌아다닌대."

이번에는 내 눈이 동그래진다.

"왜 유령이 됐을까?"

"찰스 1세는 국민들이 처형한 최초의 왕이야. 그래서 원한이 남지 않았을까?"

실제로 윈저성은 유령 이야기가 넘쳐나는 곳이다. 끙끙 앓는 소리를 내며 힘겹게 계단을 내려오는 헨리 8세의 유령을 보았다는 사람도 있고(헨리 8세는 살아생전에 다리 통증으로 몹시 고생했다고 한다) 헨리 8세의 딸인 엘리자베스 1세의 유령을 보았다는 왕족도 있단다. 굽 높은 구두를 신고 또각또각 소리를 내며 엘리자베스 1세 유령이 서재를 지나가더란다. 난데없는 유령 이야기에 한낮인데도 서늘해진다.

윈저성은 런던의 버킹엄 궁전Buckingham Palace, 에든버러의 홀리 루드 궁전Palace of Holyroodhouse과 함께 여왕의 공식 거주지다. 국정도 살피고 개인적인 오락도 즐기면서 주말의 대부분을 이곳 윈저성에서 지낸다고 한다. 평소에는 영국 국기가 내걸리지만 여왕이 머무르는 동안에는 왕실 기가 내걸리며, 관광객 출입이 제한된다. 공주와 왕자가 사는 곳이라는 얘기에 눈을 빛내는 푸린양과 영국 유령에 대한 기대감으로 가득찬 초딩군에게는 미안하지만 윈저성은 들어가지 않기로 했다. 아침에 서둘렀는데도 어느새 점심때가 지났다. 윈저성보다는 이튼스쿨Eton College이 궁금해서 온 도시이니 이튼스쿨에서 시간을 더 보내기로 한다. 기어이 보고 싶다고 우기면 어쩌나 걱정했는데 푸린양이 순순히 입장을 포기한다. 유령을 만나면 어쩌나 오싹했을 걸?

길거리 아이스크림을 하나씩 물고 이튼스쿨로 향한다. 세련된 꽃가

게를 지나 앙증맞은 컵케이크 가게를 지나니 짙푸른 강물 위에 새하얀 백조가 그림처럼 둥실 떠있다. 아기자기한 가게들을 기웃거리며 인적 드문 시가지를 한참이나 걷는다.

중학생으로 보이는 남학생이 길을 건넌다. 이튼스쿨 주변에서는 연미복을 입은 이트니언들을 많이 볼 수 있다더니 이튼스쿨이 가까워졌나 보다. 지나간 남학생은 연미복도 안 입었는데 어째 총기가 느껴진다.

이튼스쿨은 약 600년 전인 1440년, 윈저의 가난하지만 우수한 학생들에게 좋은 교육을 받게 하고자 설립되었다. 이후 학교의 명성이 올라가면서 영국 전역에서 우수한 인재들이 모여들어 명실상부한 영국 최고의 사립학교가 되었다. 이튼스쿨 학생의 3분의 1이 '옥스브리지 Oxbridge'라 불리는 옥스퍼드대와 캠브리지대에 진학한다니 영국 내에 형성된 그들만의 세계와 영향력이 어떨지 짐작이 가고도 남는다. 윌리엄 왕자가 승마복을 갖추어 입고 폴로 게임에 열중하고 있는 사진을 보며 내 아이도? 하는 상상을 해본 아들엄마가 나 혼자만은 아니겠지?

이튼스쿨은 관광객을 위해 일부 공간을 공개하는데 10월은 그 시기가 아니다. 정문 뒤편의 철문이 조금 열려 있다. 끼익, 문을 밀고 들어간다. 단출하게 꾸며진 정원 중간에 네모난 돌관 몇 개가 놓여 있다. 다리 아프다며 푸린양이 걸터앉은 돌관 아래를 무심히 바라보니 뭔가가 새겨져 있다. 누군가의 무덤이다. 푸린양이 벌떡 일어선다. 아직 윈저성 유령이야기의 여운이 가시기 전이니 머리칼이 쭈뼛 섰겠다.

담쟁이로 뒤덮인 건물을 끼고 정원 안쪽으로 더 걸으니, 낮은 담장 너머로 이튼스쿨 교정이 보인다. 옥스퍼드대학교를 줄여놓은 것 같다. 실제로 이튼스쿨은 자매 학교인 캠브리지대학교의 킹스칼리지와 유사한 모양새라는데 멀리서 온 이방인의 눈에는 다 비슷해 보인다. 회랑처럼 이어진 오래된 석조건물 가운데 푸릇푸릇한 잔디밭이 펼쳐져 있다. 학생은 보이지 않지만 귀를 기울이면 라틴어 강독 소리가 들릴 것만 같고 수런거리는 저음의 수다가 들려올 것 같다. 초딩군이 키 작은 푸린양을 안아 올려 담장 너머 교정을 보여준다. 저 초딩은 교정을 바라보며 어떤 생각을 할까? 옥스퍼드대학교에 다녀와서는 매점에 후드티가 많아서 좋았다, 라는 수준 이하의 감상평을 남긴 초딩군이 이곳 이튼스쿨에서는 어떤 느낌을 받았을까?

"완전 칙칙해! 이래서 남자학교는 안 다닐 거야!"

그런 느낌 말고, 뭐랄까? 영국을 이끌어갈 리더들의 학교이니 더 멋있어 보인다든지, 명문학교답게 학구적인 분위기가 인상적이라든지, 나아가 열심히 공부해서 다녀보고 싶다든지, 이런 건 안 되겠니!

뒤돌아 걸어가는 일행이 멀어지도록 나는 교정을 바라본다. 왕실 가족이 머무는 우아한 성과 장차 영국을 이끌 젠틀맨을 키워내는 이튼스쿨이 자리한 탓일까. 윈저는 어느 도시보다 진중한 품격이 느껴진다. 성에서는 몸을 낮추고 학교에서는 발소리, 말소리, 숨소리조차 낮추어야 할 것 같은, 차분하게 가라앉은 이 도시가 내 안으로 깊이 들어온다.

소심한 아이
속터지는 엄마

"어느 쪽으로 가야 하지?"

대영박물관으로 가려고 나선 길, 레스터 스퀘어 역Leicester Square Station을 벗어나자마자 방향을 잃었다. 아무리 주변을 둘러봐도 박물관 방향을 가리키는 표지판이 없다.

"초딩! 길 좀 물어보고 올래?"

"내가?"

낯선 목소리로 되묻는다. 여행 사흘째, 초딩은 아직까지 단 한 번도 입을 떼지 않았다. 길을 묻고 물건을 사는 모든 일이 내 몫이다. 영어의 문제라기보다는 소심한 성격 탓이라는 걸 알고 있다. 그러기에 강요하지 말아야지 하면서도 자연스레 뒷짐 지고 물러서는 모습을 보면 그동안 들인 영어수업료가 아이 머리 위로 둥실 떠오른다.

"응! 어떻게 가는지 알아와봐. 어려운 것도 아니잖아."

보도 블럭을 발끝으로 툭툭 차고 있던 초딩군이 인상을 찌푸린다.

"길만 찾으면 되는 거잖아. 안 물어보고 그냥 길만 찾아도 되지?"

"아니, 물어봐!"

단호한 내 말투와 달리 아이는 제자리에서 우물쭈물하고 있다. 옆에 서 있는 초딩양과 얼굴을 마주보며 난감한 표정을 짓는다. 이번만큼은 재촉하지 말고 기다려보자고 K와 의견을 모은다.

"엄마 기다린다!"

두 엄마 눈치 보랴, 친절해 보이는 영국 사람 찾으랴 아이들은 안절부절 못하고 있다. 머뭇거리기를 20분, 결국 쭈뼛쭈뼛 길을 묻는다. 잔뜩 긴장한 아이들을 앞에 두고, 영국 청년은 친절하게도 스마트폰으로 지도를 검색해서 보여주고, 아이들 손을 잡고 길 모퉁이를 돌아 직접 방향을 가리켜준다. 아이들 표정이 조금 밝아졌다.

그깟게 뭐가 어렵더냐, 하는 퉁바리가 나오려는 걸 꾹 참는다.

여행 일주일째, K네와 다른 일정을 보낸 우리 식구가 먼저 호스텔에 도착했다. 아이들은 이층침대에서 뒹굴거리고 나는 주방에서 라면을 끓이고 있던 참이다. 푸린양이 쪼르르 달려 나온다.

"엄마, 나는 누룽지 끓여줘. 라면은 매워서 못 먹겠어."

"오빠한테 누룽지 가지고 나오라고 해."

잠시 후 두 아이가 누룽지를 들고 주방으로 들어온다. 그런데 뭔가 불편한 표정이다.

"왜 그래? 무슨 일 있어?"

"문이 잠겼어. 근데 열쇠를 안 가지고 나왔어."

오래된 합판 같은 호스텔 문짝은, 생김새와 달리 잠금만큼은 일류 호텔 도어 못지않다. 슬쩍 닫기만 해도 철커덕 잠긴다. 들고날 때마다 군건히 닫히는 바람에 꼬박꼬박 열쇠를 들고 다니거나 방안 누군가가 번번이 열어주어야 한다.

"사무실 가서 문 좀 열어달라고 해."

"내가?"

대사와 표정이 며칠 전과 어쩜 그리 똑같으냐.

"뭐라고 말해야 해?"

"My room is locked. Open the door please. 금방 알아듣고 도와줄 거야."

"에이, 아까 열쇠도 가지고 나오라고 말을 하지."

투덜거리면서 주방을 나간다. 누룽지를 막 불에 올릴 때 주방문을 나선 두 아이는 누룽지가 다 끓여질 때쯤 들어온다.

"왜 이렇게 오래 걸렸어?"

"오빠가 못하겠다고 계속 밖에 서 있었어. 그런데 호텔 언니가 지나가다가 인사해서 그때 말한 거야. 문은 열었어."

안 봐도 그림이 그려진다.

"수고했어. 이제 먹자. 그래도 오빠 덕분에 문 열었네."

"김치는 없어? 가져온 거 다 먹었어?"

"가방에 꼬마김치 남아 있어. 가져올래?"

이번에도 두 아이가 같이 주방을 나선다.

"열쇠 가지고 나오는 거 잊지 마!"

손발 씻고 와, 하면 딱 손하고 발만 씻는 아이이니 이번에도 김치만 들고 나올 공산이 크다. 불과 5분 전에 낭패를 봤더라도.

김치를 가지고 들어오는 두 아이 표정이 이번에도 심상치 않다.

"오빠가 열쇠 가지고 오는 줄 알았지!!"

"나는 김치 챙겼잖아. 그러니까 열쇠는 네가 챙겨야지."

그러니까 지금 또다시 문이 잠겼다는 얘기로구나.

"다시 한번 부탁해야겠네."

이번에도 나는 모르는 척하기로 한다. 라면 한 그릇, 누룽지 한 사발을 느릿느릿 먹더니 무거운 엉덩이를 겨우 일으킨다.

"이번에는 네가 아줌마한테 얘기해."

"내가 어떻게 말해? 나는 영어도 못하는데."

투닥거리며 두 아이가 주방을 나선다. 달그락거리며 설거지를 하는 사이 미국 오누이가 들어와 커피물을 끓인다. 설거지가 끝나고 미국 오누이가 커피 한잔을 비울 때까지, 주방을 나간 한국 오누이가 돌아오지 않는다. 이렇게 오래 걸릴 일이 아닌데. 주방 밖으로 슬며서 고개를 내민다.

가관이다. 폭이 1미터가 겨우 될까한 좁은 복도의 양쪽 벽에 두 아이가 기대어 서 있다. 마주선 아이들의 표정엔 난감함과 짜증이 잔뜩 묻어 있다.

"오빠가 말해!"

"야! 내가 아까 말했으니까 이번에는 네가 말해야지."

"나는 여섯 살인데, 어떻게 영어말을 해?"

에휴, 한숨이 나온다.

"엄마가 얘기하고 올게."

멋쩍게 웃으며 사무실로 들어서는 나를 보고, 직원은 구릿빛 열쇠를 흔들어 보인다. 한마디 말도 필요 없다.

영어 수학을 가르치는 것처럼 자신감과 도전정신을 가르칠 수 있다면 좋겠다. 학과목으로써의 영어 말고 언어로써의 영어가 발전하려면 결국 뻔뻔하게 입을 떼야 할 텐데, 초딩군은 아무래도 그게 어려운가 보다. 무시무시한 놀이기구를 잘 타는 걸 보면 도전정신이 있는 것도 같은데, 어째 그 도전정신은 롤러코스터 탈 때만 등장하냔 말이다.

어학연수 대신 여행을 선택했으니 영어에 대한 미련은 버려야 옳다. 그럼에도 이 엄마는 사방천지가 영어 환경인 여행지에서 내심 영어도 늘기를 바란다. 바라면 안 되는 걸 알면서도 어쩌지 못하겠다. 아마 가족여행 대신 어학연수를 다녀와 영어실력이 쑥 늘었다 해도 그땐 또 가족만의 추억으로 채워진 여행의 시간을 아쉬워하겠지. 누구든 가보지 못한 길에 대한 미련이 남는 법이니까. 그 갈래길 앞에서 누구든 흔들리게 마련이니까. 한 유명한 교수는 천 번을 흔들려야 어른이 된다고 하는데 도대체 몇 번을 흔들려야 후회하지 않는 엄마가 될 수 있을까.

선택하지 않은 길에 대한 아쉬움이 깊이 남는 밤이다.

K's diary

국제미아 되다!

친구네와 다른 일정을 보내고 숙소로 돌아가는 길이었다. 영국 지하철에 제법 익숙해졌고, 숙소로 가는 노선은 우리집 가는 것만큼이나 쉬워서 마음이 편했다. 사람들은 많았지만 복잡한 정도는 아니었다.

아이들과 이런저런 이야기를 나누고 실없이 웃기도 하며 환승역에서 지하철 노선을 확인하는 중이었다. 갑자기 설명하기 힘든 싸한 느낌이 들었다. 무심코 뒤를 돌아보니 딸아이가 안 보였다. 순간, 쿵하고 가슴이 내려앉았다. 잘 따라오리라 믿고 긴장을 늦추었던 게 화근이었다. 정신이 아득해진 나는 여기저기 뛰어다니며 혹시 여자아이 못 보았냐고 물었다. 손짓발짓해가며 허둥대고 있는데, 언뜻 내 이름이 스치듯 들렸다. 지하철역 방송이었다. 다시 한번 집중해서 들어보니, 딸아이가 나를 찾고 있다는 내용이다. 물어물어 방송실 문을 열고 들어가니, 딸아이가 서 있다. 나를 보자마자 금세라도 떨어질 듯 그렁그렁 눈물이 맺힌다.

감사합니다!

아이를 찾았다는 생각에 가슴을 쓸어내리면서도 한편으로는 화가 났다.

"엄마가 한눈 팔지 말고 잘 따라 다니라고 했잖아!"

괜한 소리를 하고 만다.

지하철 노선을 확인하려고 지도를 보고 있었는데 고개를 들어보니 엄마가 없더란다. 그래도 그 순간, 방송실에 찾아갈 생각은 어떻게 했는지, 허둥대기만 한 엄마보다 백배나 낫다. 침착했던 아이의 판단 덕에 해피엔딩이지만, 다시는 경험하고 싶지 않은 최악의 시간이었다.

숙소로 돌아와, 차분히 생각해보니 갑자기 궁금해지는 게 있다. 그토록 영어로 말 좀 해보라고 해도 꾹 다물고 한마디도 안 하더니 영어로 도움을 청했단 말이지. 그 상황을 영어로 얘기했단 말이지. 도저히 믿을 수 없는 미스터리한 일이다.

댄싱퀸!
오늘은 나도 퀸~

    아무리 뒤져도 입을 게 없다. 긴 목선이 드러난 올림머리에, 잠자리 날개처럼 하늘거리는 원피스를 입고 또각또각 경쾌한 구두소리를 내며 입장하고 싶었다. 오늘은 그렇게 기다리고 고대하던 뮤지컬을 보러 가는 날이 아닌가. 동네 시민회관에서 하는 어린이 뮤지컬이 아니라, 뮤지컬의 본고장인 런던의 웨스트엔드West End에서 공연되는 진짜 뮤지컬 말이다. 애초에 챙겨오지 않은 원피스가 가방 속에 있을 리 만무한데, 30분째 옷가지를 뒤적거리고 있다.

    우아한 올림머리도, 어찌 해볼 도리가 없다. 여행 전날, 퇴근을 앞둔 미용실 언니에게 부탁해 야간 파마를 했다. 물결처럼 자연스러운 머리 모양을 한 연예인 사진을 손가락으로 짚어주었으나, 스피드와 스타일 중 하나만 선택해야 했다. 평소 세 시간 걸리는 파마가 두 시간에 마무리되었다. 스피드를 선택했지만 내심 미용실 언니가 스타일도 지켜주길 바랐다. 하지만 퍼머롤에 야멸차게 말린 앞머리는 열흘이 지난 지금도 정확한 동심원을 유지한 채 이마에 고정되어 있다. 빗으면 빗을수록 앞머리가 더욱 동그래진다. 결국 동글동글 퍼머머리에, 사흘째 착용중인 빨간 스웨터와 물 빠진 청바지를 입고 구리구리한 운동화를 끌고 나선다.

웨딩드레스를 입은 여주인공이 '맘마미아!mamma mia!' 광고판 속에서 화사하게 웃고 있다. 사람들 사이를 비집고 들어가, 티켓박스 앞에 선다. 직원이 여권을 들추며 예약번호를 확인하는 사이에도, 유리에 비친 앞머리가 자꾸 눈에 거슬린다.

'아침에 먹은 크루아상 같다. 너무 돌돌 말렸어!'

"아이들과 좋은 관람 되세요."

예쁜 금발직원이 환하게 웃으며 내 이름이 인쇄된 공연티켓을 건넨다.

사람들을 따라 계단을 오르니 대기실과 바bar를 겸한 로비가 보인다. 공연장 입구에 서 있던 직원이 두리번거리는 우리를 좌석까지 안내해준다. 2층 맨 귀퉁이 자리지만 이래뵈도 35파운드짜리다. 푸른 물결무늬 장막이 드리워진 무대가 시원스레 내려다보인다.

"엄마! 댄싱퀸Dancing Queen 노래야!"

무대 아래쪽 오케스트라 박스에서 댄싱퀸이 연주되기 시작한다. 까딱까딱 발장단을 맞추며 두 아이가 흥얼거린다.

"I have a dream~ A song to sing…."

어두운 무대 위에서 맑은 목소리가 들려온다. 작은 조명 하나가 그녀를 찾아 밝힌다. 노랫소리가 커지고 무대가 서서히 밝아진다. 무대는

어느새 하얀 석회벽에 푸른 지붕을 얹은 그리스의 작은 섬마을로 변신했다. 시끌 벅적하고 유쾌한 그녀들의 이야기가 시작 되었다. 영어 대사가 들리거나 말거나 아 이들은 아는 노래가 나오니 마냥 즐거운 모양이다. 리듬에 맞춰 고개를 흔들어대 며 흥얼거리던 푸린양이 움직임이 없다. 슬며시 돌아보니 에고, 그새 잠이 들었다.

런던에서 뮤지컬을 감상할 때 가장 신경써야 할 부분이 바로 시간이라 고들 조언해주었다. 시차 때문에 공연 내내 자버렸다는 안타까운 이 야기를 무수히 읽은 탓에, 우리는 뮤지컬 스케줄을 영국여행 마지막에 넣어두었다. 그런데도 푸린양이 결국 잠들고 말았다. 의자 안쪽으로 외투를 깔아 푸린양이 잠들기 편하게 손을 봐주는 사이 1부 공연이 끝 났다.

객석에 불이 켜지고 관객들이 움직이기 시작한다. 자리에서 일어서 던 앞좌석의 영국아가씨가 잠든 푸린양을 보고 웃는다.

"세상에서 제일 즐거운 공연을 보러 갔군요."

영국아가씨는 오늘, 데이트를 나온 모양이다. 내가 그토록 바라던 하 늘거리는 원피스에 올림머리를 하고, 듬직한 백인 청년의 에스코트를 받으며 의자 사이를 빠져나간다. 내 오른쪽에 앉은 백인아줌마 셋도 한껏 치장을 했다. 무릎 위에 핸드백을 가지런히 모아쥐고 대사 한 마디 노래 한 소절에 매번 감탄하고 환호한다. 친구들과 간간히 속닥이면서도 공연에 흠뻑 빠져든 모습이 보기 좋다. 나도 언젠가 친구들과 이 공연을 보러 올 수 있으면 좋겠다. 한껏 차려입고 열렬히 환호할 수 있으면 좋겠다.

공연장에 음식물 반입이 일체 안 되는 우리나라와 달리, 관객들이 여기저기서 컵에 든 뭔가를 먹고 있다. 화장실에 다녀온 초딩군에게 물어보니, 로비와 공연장 뒤쪽에서 아이스크림을 팔고 있다고 전한다.

"지금은 아이스크림이 다 떨어져서 요거트만 남았대. 저거 요거트야."

"먹을래?"

"아니! 근데 엄마 저거 비싸. 4파운드 정도 하던데."

지금 기분이라면, 4파운드짜리 요거트를 두 컵이라도 사줄 수 있겠는데 초딩군은 아무 것도 먹고 싶지 않단다. 아이 눈이 퀭하다.

'맘마미아' 반주가 연주되고 객석의 조명이 다시 어두워진다. 잠깐 사이 에너지를 충전한 듯 배우들은 공연 초반과 다름없는 열정으로 무대를 누빈다. 손바닥이 얼얼할 지경으로 박수를 치며 장단을 맞추었다.

"School bag is in her hand…."

가냘픈 노랫소리가 들려온다. 결혼식을 앞둔 딸 소피의 머리를 빗겨주던 엄마 도나가, 소피와의 지난날을 떠올리며 노래하는 장면이다. 안타까움과 애잔함을 가득 담은 도나의 노랫소리에 코 끝이 시큰해진다. 옆자리에 앉은 백인아줌마도 핸드백을 뒤적이더니 하얀 손수건을 꺼내들고 연신 눈물을 닦는다. 앞좌석의 우아한 커플도, 훌쩍이는 아가씨 어깨를 청년이 토닥여주고 있다.

"Slipping through my fingers all the time….."

노래가 끝나도록 옆 아줌마는 내내 훌쩍거린다.

공연이 끝났다. 엄마는 사랑을 찾고, 딸은 꿈을 찾은 행복한 결말이다. 귀청을 때리는 박수소리가 공연장을 메운다. 이어지는 커튼콜에 배우들이 힘차게 뛰어나와 고개를 숙인다. 관객들은 온갖 언어로 환호한다.

앵콜곡 '댄싱퀸'이 들려온다. 이제부터 진짜 관객의 시간이다.

"초딩! 자리에서 일어나야지."

언제 잠들었는지 제 동생이랑 고개를 맞댄 채 자고 있다.

'댄싱퀸'이 끝나고 두 번째 앵콜곡 '맘마미아'가 시작되자 더 많은 관객들이 일어나 몸을 흔들기 시작한다. 막 잠에서 깬 어리벙벙한 초딩군을 옆에 두고, 아까 눈물을 찍어내던 백인아줌마와 눈을 맞춰가며 목청껏 '댄싱퀸'을 불러 제낀다. 앞줄의 레게머리 아가씨는 무대 위에 세워도 손색없을 만큼 열정적으로 온몸을 흔든다. 드디어 마지막 앵콜곡 '워털루'가 연주되기 시작한다. 이젠 객석의 모든 관객이 자리에서 일어나 춤을 추고 노래를 부르고 있다. 잠든 푸린양과 이 분위기가 낯선 초딩군만 빼고. 아줌마, 아저씨, 아가씨와 청년들까지 한 목소리로 "Facing My Waterloo~"를 부르며 공연은 막을 내렸다.

환호성과 박수소리가 끝없이 이어진다. 환상적인 2시간 50분이었다.

뮤지컬에 등장한 스물두 곡 모두를 따라 부르느라 목이 칼칼해졌다. 대사의 절반쯤은 알아듣지도 못했는데, 가슴은 흥분과 감동으로 가득하다. 얼굴이 벌겋게 달아오른 옆자리 아줌마랑 작별인사를 나눈다.

"엄마, 다 끝났어? 재미있었어?"

잠에서 깬 푸린양이 묻는다.

"응, 완전 대박. 내일 또 오고 싶어!"

호스텔로 돌아가는 지하철 유리창에 내 모습이 비친다. 동그랗게 말린 앞머리는 여전한데, 얼굴에 복숭아빛 화색이 도는 것이 한 10년은 어려보인다.

아, 5년 정도로 하자.

우리 엄마랑 같이 볼 수 있기를

영국 일정 중 내가 가장 기대했던 것은 뮤지컬 관람이다. 여러 뮤지컬 공연 중 아이들이 보기에도 신나고 밝은 '맘마미아'를 선택했다. 오리지널 '맘마미아'를 볼 수 있다는 것만으로도 거금을 투자할 만하지만, 사실 나에게 주는 선물이기도 했기 때문에 주저하지 않았다.

극장 객석은 굉장히 가파르게 설계된 덕분에 앞사람 때문에 공연에 집중 못하는 일은 없어 보였다. 뮤지컬 내용을 몰라 귓속말로 물어보는 딸아이에게 목소리를 낮춰 설명을 해주는데 주변 관객들의 눈초리가 따가웠다. 게다가 조용히 해달라는 제스추어까지 취해서 속상했다. 그럼에도 불구하고 공연 내내 느껴지는 감동은 전혀 줄어들지 않았다. 이 벅찬 감정을 딸아이와 같이 느끼고 있다는 사실이 정말 행복했다.

뮤지컬 공연중, 결혼하는 딸아이의 머리를 빗기는 엄마의 마음을 애잔하게 노래하는 대목에서는 마음이 찡했다. 아직은 어리지만 언젠간 우리 아이도 짝을 찾아 결혼하는 때가 오겠지, 하는 생각에 내가 결혼했을 때 우리 엄마도 저런 마음이었겠구나, 하는 생각에 주르륵 눈물이 쏟아졌다. 오랫동안 잊혀지지 않을 것 같다.

한국에 돌아가면 한국어 버전으로 다시 한번 보기로 딸아이와 약속했다. 그리고 다음 번엔 우리 엄마와, 이곳 런던에서 '맘마미아'를 볼 수 있기를 마음 속으로 기도한다.

우린
호스텔 스타일

호스텔에 머문 지 일주일이 넘어가니 고참급이다. 아침식사 시간에 눈인사를 나누는 사람들이 늘었고 저녁 시간에 수다를 떠는 시간이 길어졌다. 주방 의자 깊숙이 앉아서 들고나는 사람들을 지켜보니, 여행자인지 아닌지, 장기여행자인지 단기여행자인지, 얼추 구분이 간다.

호스텔의 첫 번째 그룹, 단기여행자

이들의 가장 큰 특징은 몸이 빠릿빠릿하고 눈이 초롱초롱하다. 짧은 기간 본전을 뽑아야 한다는 신념이 강하다. 그러므로 무료로 제공되는 아침식사 시간에 빠지는 법이 절대 없다. 어제 아침에 보이던 여행자가 오늘 안 보인다면 백이면 백 체크아웃을 한 것이지 늦잠을 자는 게 절대 아니다. 간혹 아침식사 시간보다 이른 관광을 나설 수도 있으나 그랬다면 그는 이미 어제 아침에 오늘 몫까지 먹었다고 보면 된다. 단기여행자들은 일행이 있거나 가족단위인 경우가 많고 다른 여행자들과의 관계에 소극적이다. 적어도 하루 혹은 반나절 정도 구성원을 예의주시한 다음 접촉을 시도한다. 단, 예외는 있다. 할머니 여행자들의 경우, 체크인 30분 만에 훅 들어오는 경우도 많다.

어느 날 아침, 커피 주전자 옆에서 물이 끓기를 기다리고 있을 때였다. 긴 은발머리를 하나로 단정하게 묶은 모양새가 꼭 우리 외할머니 같은 프랑스 할머니가 주방으로 천천히 들어왔다. 단추 많은 하얀 스웨터에 발목까지 오는 회색 스커트를 입은 그녀가 불쑥 얼굴을 들이밀었다.

"부자네요."

"저요? 부자라구요?"

"응, 마담은 부자예요. 아이가 넷이나 되니 세상에서 제일 부자죠."

화장실에 간 K 대신 K네 아이들까지 내가 데리고 내려온 날이었다. 동양아이 넷이 팅팅 부은 눈으로 주방 구석에 모여 오물오물 시리얼을 먹고 있으니 누가 봐도 일가족같기는 하다.

다음 날은 독일 할머니였다. 프랑스 할머니가 우아했다면 독일 할머니는 활기찼다. 독일 할머니 역시 대뜸 얼굴을 디밀었다.

"참 잘했어요. 애들이 넷이라니 너무 아름다운 일이에요."

아이들이 넷, 이라는 포인트에서 요지를 파악한 나는 서둘러 둘만 제 아이고, 둘은 친구 아이라고 설명했다. 독일 할머니는 설명을 듣는 듯 마는 듯 하더니 10살 남자아이를 내 쪽으로 잡아끈다. 주근깨 독일 손자가 뻘쭘한 얼굴로 억지 인사를 하고는 돌아서 나가자 이번에는 40대 부부 앞으로 내 손을 잡아끈다.

"우리 아들 내외에요. 인사해요."

졸지에 독일 아저씨와 악수를 했다.

"한국에서 온 사람인데, 지금 여행중이래. 그런데 아이들이 넷이래. 봐라, 얼마나 보기가 좋으니. 너희도 아이들을 더 낳아야 한다니까."

할무니, 우리 애들은 둘 뿐이라니깐요!

누가 서양엔 고부갈등이 없다고 했던가. 할머니 잔소리를 듣는 독일 아줌마 표정이 어쩌 낯설지가 않다.

두 번째 그룹, 장기여행자

이들의 가장 큰 특징은 옷 색깔에 있다. 대부분의 색깔이 원래의 색보다 두 톤쯤 다운된 색조다. 저 옷은 원래 오렌지색이었을 거야, 라고 추정만이 가능한 색감의 의류를 주로 착용하고 있다. 또한 이들은 재빨리 움직이는 법이 없다. 느림이 장기여행자의 본분인지, 느리기 때문에 장기여행자가 된 건지 알 수 없지만 선착순 품절이 되는 아침 빵 앞에서조차 느리다. 그러나 단지 느릴 뿐, 빠지는 법은 없다!

장기여행자 그룹의 대표선수는 미국에서 온 오누이다. 오누이는 여행이 몸에 밴 것처럼 느긋하고 익숙하다. 아침 8시에 커피와 빵 두 쪽을 먹고, 오후 6시에 저녁식사를 준비하고, 7시에 식사를 한다. 식단표를 짜놓은 듯 하루는 스테이크, 하루는 파스타, 하루는 연어샐러드를 해 먹는다. 저녁때면 오누이의 '오늘의 요리'가 궁금해진다.

처음에는 호스텔 손님이 모두 여행자인 줄 알았다. 그래서 이탈리아 1호 청년이 주방 구석자리에서 노트북을 두드릴 때 일기를 쓰거나 여행비용을 계산하는 줄로만 알았다. 우연히 이야기를 나누게 된 1호 청년은 지금 여행중이 아니라 구직중이란다.

세 번째 그룹, 열혈 구직자

스물다섯이라는 1호 청년은 비율 좋은 미남모델이 넘치는 이탈리아 태생이란다. 믿기지 않게도! 그래서 두 번이나 되물었다. 하지만 그날 저녁 이탈리아 2호 청년을 만나고서 선입견이 얼마나 잔인한 것인지 깨달았다. 한류 드라마에 빠진 세상의 모든 여인들에게 고하고 싶다. 한국남자가 모두 이민호처럼 생긴 게 아니라고! 그러니 한국남자에게 정말 한국사람이냐고 두 번 묻는 실수를 저지르지 마시길!

인도 성자처럼 수염을 기른 2호 청년도 현재 구직중. 두 청년은 해가 떠있는 거의 모든 시간 동안 주방에 틀어박혀 있다. 좁은 테이블 위에 잡다한 종이더미를 쌓아두고 그 옆에서 노트북을 들여다본다. 가끔 인터뷰를 하고 돌아온 날이면 미간에 더 깊은 주름이 패인다. 그날도 2호 청년이 주방 구석에서 노트북을 노려보고 있던 날이었다. 돼지고기를 넣은 김치찌개가 너무너무 먹고 싶은 날이기도 했다. 하지만 김치라는 게 맛도 강렬하지만 그 냄새의 강렬함 또한 대단하지 않은가? 구석에 있는 2호 청년이 신경 쓰였다.

"저기, 우리가 지금 한국요리를 할 건데, 냄새가 심한 편이에요. 괜찮을까요?"

"노 프라블럼! 얼마든지 하세요."

푹 익은 배추김치를 봉지에서 꺼낼 때, 2호 청년의 몸이 벽 쪽으로 살짝 돌아갔다.

"냄새가 심하죠?"

"오! 괜찮아요. 새로운 요리가 궁금하네요."

캬 좋다, 저절로 감탄사가 나오는 김치찌개가 완성되었다. 꼴깍, 2호 청년의 목젖이 심하게 요동친다.

"입맛에 맞을지 모르겠는데 한번 먹어봐요."

입맛을 다시던 2호 청년이 찌개 한 숟가락을 후루룩 넘긴다. 순식간에 눈이 커지고 얼굴이 벌게진다. 쿨럭, 기침까지.

"괜찮아요? 입에 안 맞죠?"

"아뇨. 괜찮아요. 맛 좋네요. 좋아요."

물을 세 컵이나 연거푸 마신 청년이 그제서야 엄지손가락을 세운다.

"신기하고 새로운 맛이네요. 이게 김치찌개라구요? 맵긴 하지만 더 먹고 싶네요."

씩 웃으며 물었다.

"그럼 한 번 더 먹을래요?"

네 번째 그룹, 날라리 구직자

호스텔에는 1호, 2호 청년처럼 열혈 구직자가 있는가 하면 직장? 구하면 좋고! 식의 날라리 구직자도 있다. 공교롭게도 모두 아가씨들이다. 입고 꿰맨 듯한 스키니진을 입고 튼실한 궁뎅이를 연일 선뵈주는 그녀들이다. 옷차림으로 치자면 당장 마이애미 비치에 드러누워 선탠을 한다 해도 어색할 게 없다. 그런 그녀들도 아주 가끔은 인터뷰를 다녀온다. 그런 날이면 구직 청년 1호, 2호와 진지한 얼굴로 오랫동안 이야기를 나눈다. 한결같이 심각한 표정이다. 또 그런 날이면 동지의식이 생겨나는지 더 쪼이는 바지를 입고 더 진해진 화장을 하고 청년들과 호스텔을 나선다. 밤새워 논다 해도 출근 걱정할 필요 없는, 그래서 더 서글픈 청춘이다.

런던 한복판의 좁은 호스텔, 여행자도 구직자도 날아드는 둥지다.

여섯 살 한국 꼬마부터 일흔 살 프랑스 할머니까지 자연스레 섞이는 이곳에, 여행을 통해 아이들에게 보여주고 가르쳐주고 싶었던 모든 것들이 있다. 섞임, 배려, 양보, 존중 그리고 입을 모아 수군거릴 '주인장'이라는 공공의 적이 있는 호스텔, 딱 내 스타일이다!

하지만 나는 보았다. 식탁 위에 놓인 우리의 두루마리 화장지를 가리키며 이탈리아 1호 청년이 이탈리아 아가씨에게 속삭이는 것을.

"한국 사람들은 토일렛 페이퍼로 입을 닦는다!"

그리고 그가 식탁 위에 놓인 두루마리 화장지에 손가락 하나 대지 않았음을 나는 똑똑히 보았다. 이방의 문화를 존중하셔야죠! 조만간 저 토일렛 페이퍼로 입을 닦게 하리라. 반드시!

너무도 달콤한
생일파티

　고작 뮤지컬 한 편 보고 왔는데 공연을 마친 배우마냥 축 처진다. 몸이 천근만근이다.

　"엄마, 아가 생일인데 생일파티 해야지!"

　오늘부로 푸린양은 만 5세가 되었다. 일곱 살 터울 오빠인 초딩군이 여태껏 '아가'라고 부르는 푸린양이 작년 생일 다음 날부터 무려 364일을 기다려서 맞이한 극적인 생일날이다. 끄응, 소리를 내며 침대에서 몸을 일으킨다.

　예쁜 꽃집도 있고 단정한 약국도 있고 어수선한 기념품 가게도 있는데 빵집이 없다. 빵의 나라 사람들은 케이크를 직접 구워 먹나? 밥의 나라에서 온 여행자는 잠시 길을 잃었다. 마트 두 곳을 뒤진 끝에 겨우 케이크를 구했다. 두껍게 설탕물을 입힌 직사각형 빵 위에 곰돌이 한 마리를 식용 색소로 그려넣은, 제과회사에서 대량으로 만들어내는 기성제품이다. 동그랗지 않아도 생크림이 아니어도 이름만은 셀레브레이션 케이크^{celebration cake}다.

이층침대 두 개가 기역자로 놓인 도미토리 가운데 작은 돗자리를 편다. 네모난 생일케이크를 가운데 두고 우리 가족과 K네 가족이 둘러앉는다. 생일파티란 모름지기 생일 축하 노래를 목청껏 부른 다음 후! 하고 촛불을 끄는 게 하이라이트인데 아쉽게도 촛불은 생략이다. 케이크라기보다 빵에 가까운 제품이어서 생일 초가 들어있지 않다. 생일 초를 사려다가 마트 구석에 진열되어 있는 생일 초의 사악한 가격에 깜짝 놀라고 말았다. 10개들이 한 봉지에 4파운드! 금딱지 붙은 초도 아니고, 동네 빵집에서 나이대로 막 집어주는, 갸날픈 스크류바 같은 그 초가 우리돈 7천원이란다. 9파운드짜리 케이크에 4파운드짜리 초를 꽂을 수는, 당연히 없다!

방 안의 불을 끈다. 초딩군이 핸드폰으로 띄운 '축하해'가 어둠 속에서 반짝거린다. 호스텔 바닥에 둥그렇게 모여 앉아 축하노래를 부른다. 너무나 기다렸던 생일이지만 아빠와 함께하지 못해서 슬프고, '후' 불어서 끌 촛불마저 없으니 푸린양은 섭섭한 모양이다. 정신없이 하루를 보내느라 생일 선물도 미처 준비하지 못했다. 슬며시 미안해진다.

여행에 무슨 주제가 필요하겠느냐만 그래도 이번 여행에 굳이 제목을 붙이자면 초딩군의 졸업기념여행 정도가 좋겠다. 상당 부분 초딩군의 눈높이에 맞추어 일정을 짰다. 체험과 학습이라는 두 마리 토끼를 기어이 잡고 말겠나는 엄마의 외지 역시 강력했다. 때문에 꼬마 푸린양을 배려한 여행지는 거의 없다. 푸린양이 가장 즐거워했던 레고랜드도 알고 보면 디즈니랜드와 견줄 만한 놀이공원이 궁금하다는 초딩군의 간절한 바람 때문에 선택한 곳이다. 그럼에도 꼬마 푸린양은 어디로든 잘 걸어주고, 어디에서건 집중해주고 무엇이든 잘 먹어주었다. 그리고 오히려 초딩군보다도 더 자주 감탄해주었다.

그렇다고 이 여행이 여섯 살 꼬마에게 언제나 행복할 수는 없다. 겨우 공룡이나 알아보고 '우와 크다!' 소리나 할 줄 아는 아이에게 돌덩이로 가득찬 광물박물관이나, 월드컵 경기를 보면서 '야구선수 이겨라' 라고 응원하는 아이에게 축구박물관은 한없이 지루한 곳이다. 하품을 하고 짜증을 부리는 아이에게 오히려 내가 더 짜증을 냈다.

"런던에서 생일파티를 한 어린이가 몇 명이나 되겠냐? 넌 엄청 행운아야!"

초딩군 얘기처럼, 허전한 것 투성이어서 아쉽고 부족하지만, 그래도 여기가 런던이어서, 지금이 여행중이어서 이번 생일파티는 오래도록 기억에 남을 것이라고 믿어보련다.

그러나저러나 곰돌이그림 케이크는 정말 달다. 빵의 식감은 사라지고 입 안을 지배하는 건 오로지 달디단 설탕 맛이다. 굳은 설탕이 오도독 오도독 씹힌다. 단 거라면 정신 못 차리는 아이들 넷이서 욕심껏 먹었지만 절반도 먹지 못했다.

"엄마, 여기 있는 사람들 나눠주자!"

호스텔 주방에서 이스라엘 누나가 혼자 책을 읽고 있다. 처음 만났을 때도 오늘처럼 책을 읽고 있었다. 인사를 주고받으며 이야기를 나누다 보니, 그녀가 읽고 있는 책의 글자가 눈에 들어왔다. 어떤 이는 태국 글자가 빨래줄에 걸린 모양새라고 표현했는데, 이스라엘 글자는 모두 등을 구부린 채 엎드려 있는 모양새다.

글씨가 '스트레인지strange' 하네요, 라고 말한 나에게 그녀는 한국 글자는 '스페셜special' 하네요, 라고 얘기했다. 아! 내가 전하고 싶은 뜻도 이건데…. 독특하고 신기한 글자라고 말하고 싶었는데…. '스페셜' 앞에 놓인 '스트레인지'가 더욱 이상해보인다. 그녀는 '스트레인지'와 '스페셜' 따위는 아무래도 상관없다는 표정이었으나 나는 좀 미안했다.

마음에 빚을 진 것 같은 이스라엘 누나에게 케이크 조각을 건넨다.

"책 읽고 있네요? 이거 먹어요. 오늘이 딸 생일이거든요."

"고마워요. 꼬마아가씨, 생일 축하해!"

케이크를 오물거리며 이스라엘어로 축하인사를 전한다. 표정이 평온한 걸 보니 먹을 만한가 보다. 마음이 조금 가벼워진다.

주방에서 나오다가 복도 끝에서 걸어오는 이탈리아 2호 수염청년과 마주쳤다. 오늘도 옆구리에 노트북과 서류파일을 끼고 있다. 서둘러 방으로 돌아가 케이크 한 조각을 들고 나와 2호 청년에게 건넨다. 영어로, 이탈리아어로 생일 축하를 해준다. 그리고는 순식간에 케이크를 해치운다. 달다는 타박도 없다.

아까는 안 보이넌 독일 누나가 주방에 있다. 어제 아침에 같은 테이블에 앉아 식사를 하는데, 자기가 한국말을 배웠으니 한번 들어보란다.

"아은 고입니다."

한국말을 아프리카 사람한테 배웠나? 무슨 뜻이냐고 물었더니 나는 독일사람입니다, 라는 의미란다.

"큼. 그럼 이렇게 해요. 나는 독일사람입니다!"

"나눈 도길사남니다."

아이들이 깔깔깔 웃음을 터트린다.

남은 케이크 조각을 독일 누나한테 전해주고, 이번에는 독일말로 생일 축하를 받는다.

영어, 독일어, 이탈리아어, 이스라엘어 '생일 축하해'가 둥둥 떠다니는 글로벌한 생일이다. 너무나 달콤한 생일 케이크 덕분에 너무도 유쾌한 생일을 보냈다.

늦은 시각, 푸린양이 가장 기다리던 축하가 도착했다.

'푸린~ 생일 축하해!! 보구 싶다♥ 아빠가'

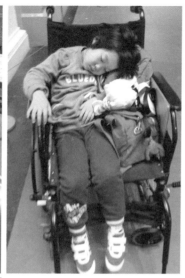

넌
감동이었어!

"영국여행에서 제일 기대되는 건, 유로스타 타는 거 하고 트라팔가르 광장Trafalgar Square에서 넬슨 제독Horatio Nelson 동상 보는 거야."

무식한 엄마는 초딩군 덕분에 처음으로 알게 되었다. 넬슨 제독이라는 양반이 '영국의 충무공'이라 불리는 장군이고, 이순신 장군이 광화문 광장을 지키고 있는 것 마냥 넬슨 제독이 트라팔가르 광장을 지키고 있다는 사실을.

시킨 것도 아닌데 자연스레 초딩군이 앞장선다. 가끔씩 걸음을 멈추고 고개를 숙여 지도를 확인한다.

"오빠, 저기 동상이다!"

걷다 보니 자그마한 광장 가운데 우뚝 서 있는 동상이 눈에 들어온다.

하지만 생각보다 광장이 좁고 장군이 세워진 기둥의 높이도 높지 않다.

"저 동상은 아니야. 트라팔가르 광장은 되게 넓고 사람들이 많이 모이는 곳이래."

116

잠시 실망감으로 어두워졌던 초딩군의 표정이 다시 밝아진다.

화창한 런던의 오후, 그린파크^{Green Park}를 옆에 끼고 아이들과 트라팔가르 광장을 향해 걷는다. 오른편으로는 사람들이 잔디 위에 엎드려 책을 읽고, 왼편으로는 작은 승용차들이 쌩쌩 달리고 있다. 피톤치드와 이산화탄소를 골고루 들이마실 수 있는 노선이다.

"초딩, 왜 트라팔가르 광장이 보고 싶은 거야?"

"넬슨 제독이 전쟁에서 부상을 당해서 한쪽 팔과 다리를 잃었는데 동상도 그렇게 만들었대. 정말 그런지 직접 확인해보고 싶어."

트라팔가르 광장의 원래 이름은 '윌리엄4세 광장'이었으나 트라팔가르 해전의 승리를 기념하기 위해 트라팔가르 광장으로 부르게 되었다. 광장의 이름이 바뀔 만큼 트라팔가르 해전은 영국역사에 길이 남을 전투였다. 이 전투에서 승리함으로써 영국은 해상을 완전히 장악하게 되었고 해가 지지 않는 대제국을 건설하게 되었으니까.

넬슨 제독을 '영국의 충무공'이라고 부르는 이유는, 훌륭한 해군장수이기도 했지만 뛰어난 통솔력과 리더십으로 부하들의 존경과 지지를 받은 장군이었으며 또한 두 장군의 최후가 비슷하기 때문이기도 하다. 나의 죽음을 적에게 알리지 말라, 며 자신의 죽음으로 인해 아군의 사기가 떨어질 것을 염려했던 이순신 장군처럼 넬슨 제독 역시 심각한 부상을 입은 상태로 네 시간을 지휘한 후 영국이 승리한 후에야 비로소 숨을 거두었다. 트라팔가르 선무는 넬슨 제독의 최후의 전투였다.

앞서 걷던 초딩군이 갑자기 멈춰선다.

"엄마! 저기…."

아이가 멈춰서서 바라보는 높은 곳에, 넬슨 제독이 서 있다. 55미터 기둥 위에 넬슨의 동상이 마치 트라팔가르 해전을 지휘하는 듯, 넓은 트라팔가르 광장을 바라보며 늠름하게 서 있다. 초딩군이 말을 잃었다.

"어때? 기대했던 거랑 같아?"

"훨씬! 훨씬 멋있어."

높은 기둥 위에 올라선 동상일 뿐인데, 기둥마저 너무 높으니 올라선 동상의 한쪽 팔이 있는지 없는지조차 분간하기 어려울 지경인데 초딩군은 굉장히 감동받은 표정이다.

"엄마, 나는 나폴레옹이 좋거든. 나폴레옹이 시작해서 진 전투가 거의 없어. 우리나라의 광개토대왕 같은 느낌이야. 그런데 그렇게 거칠 것 없는 나폴레옹이 절대 이기지 못한 장군이 바로 넬슨 제독이야. 영국과의 해전에서는 단 한 번도 이기지 못했어. 더구나 무적함대라는 스페인과 연합을 한 트라팔가르 전투에서마저 졌지. 나폴레옹은 그때 상당한 타격을 입었고 그 패배가 결국 나폴레옹을 권좌에서 물러나게 했다고 할 수 있거든. 그래서 나는 넬슨 제독이 궁금했어. 우리나라의 이순신 장군이랑 비슷한 부분이 많아서 궁금하기도 했지만 나는 그것보다 천하의 나폴레옹을 무너뜨린 사람이 궁금했어. 분명히 동상인데 실제 사람을 보는 것 같아."

숨 쉬는 것도 잊은 듯 초딩군이 단숨에 느낌을 쏟아낸다. 여전히 감동에 젖은 표정이고 여전히 눈동자는 저 높은 곳 넬슨 제독에 고정되어

트라팔가르 광장을 지키고 있는 넬슨 제독은 한쪽 팔과 다리를 잃은 것이 아니라
한쪽 팔과 한쪽 눈을 잃은 모습이라고 한다.

있다. 붙박이가 된 듯 자리에서 꼼짝하지 않고 있다.

그러나 나의 눈은 넬슨 제독의 동상 대신 초딩군에게 고정되어 있다. 생기있게 반짝이는 두 눈, 한 톤 높아진 목소리, 발갛게 상기된 아이의 얼굴에.

아이가 감동받은 모습이란, 아이가 감동받은 모습을 바라보는 기분이란 이런 것이구나. 진지한 호기심과 간절한 소망이 맞아떨어져, 한없이 감격스러워 하는 지금 같은 순간을 위해서라면 세상 어디든 가지 못할 곳이 있겠는가. 어쩌면 이 짧은 순간을 위해 수많은 부모가 아이와 여행을 떠나는 건 아닐까.

"오빠, 그런데 이순신 장군하고 저 사람하고 싸우면 누가 이겨?"

여섯 살 수준에 딱 맞는 질문을 하는 푸린양을 잠시 한심하게 바라본다.

"일단 두 장군은 시대가 다르니까 만나서 싸울 수가 없겠지. 물론 배나 무기의 상태도 다르고. 하지만 같은 배와 같은 무기를 쓴다는 조건으로 두 장군이 싸운다면 나는 이순신 장군이 이길 것 같아. 왜냐하면 넬슨 제독보다 이순신 장군은 여러 가지 전술에 강하거든. 그리고 영국 해병보다 조선 수군이 헝그리 정신이 있어서 백병전을 하면 우리가 이길 것 같아. 그리고 이건 내 생각인데, 반드시 이길 수 있는 방법이 하나 있어!"

"뭔데?"

"우리 남해안에서 싸우면 우리가 무조건 이기겠지!"

"어떻게?"

"이 꼬맹아, 생각을 해봐. 그러니까…."

　거우 허리께에 오는 동생을 데리고 세계사와 전쟁에 관한 심오한 이야기를 들려주는 초딩군의 뒷모습에 피식 웃음이 나온다. 맨유 구장에서 박지성 유니폼을 봐도, 뮤지컬 '맘마미아'를 봐도 심드렁하더니 오늘은 물 만난 물고기 마냥 팔딱거린다. 그런 아이를 바라보는 나의 심장도 팔딱팔딱 힘차게 뛴다.

그녀를
기억하는 법

고등학교 불어교과서에 실린 프랑스 니스 사진에 마음이 홀렸다면 중학교 영어교과서에도 내 마음으로 들어온 사진이 한 장 있다. 넓고 푸른 잔디밭에 앉아 샌드위치를 먹고 책을 읽던 길쭉한 서양인들, 하이드파크Hyde Park의 사진이었다. 잔디밭은 들어가면 안 되는 곳이고 밥은 집에서, 책은 책상에 앉아 읽어야 한다고 교육받던 여중생에게 그곳은 신세계였다. 눈을 뜨고 처음 본 존재가 엄마라 믿는 아기오리처럼 처음 본 외국공원의 사진은 그렇게 뇌리에 콱 박혔다.

오늘 K네는 헤롯백화점Harrods에 가기로 하고 우리 가족은 뇌리에 박힌 그곳, 하이드파크에 가기로 했다. 기억 속 하이드파크의 모습처럼 잔디밭에 앉아 런더너 사이에서 점심 피크닉을 즐겨보자꾸나.

슈퍼에서 호밀빵 샌드위치, 치킨 토마토 파스타, 과일 두 팩, 밀크소다음료 한 병을 점심거리로 샀다. 우산을 두 개씩이나 배낭에 넣어왔는데 하늘은 티없이 맑고 햇살은 따스하다.

런던에서 가장 인기있는 공원인 하이드파크는 헨리 8세때 사냥을 하거나 군대훈련장으로 사용되었던 곳인데, 찰스 1세가 공원으로 조성했다고 한다(유령이 되어 윈저성에 나타난다는 그 헨리 8세와 찰스 1세, 맞다). 꽃과 나무와 호수가 잘 가꾸어져서 런던 시민들의 사랑을 한몸에 받고 있는 곳이다.

서걱거리는 점심 봉지를 들고 공원에 들어선다. 400년 역사가 느껴지는 아름드리 나무들이 풍성한 잎사귀를 뽐내고 있다. 아이들이 나무를 향해 달려간다. 가지를 축 늘어뜨린 나무 아래로 쏙 들어간 아이들이 엄마를 부른다. 나무 아래는 작고 향긋한 나무집 같다. 아늑하고 향기롭다. 우수수 떨어진 낙엽 위를 정신없이 뛰어다니는 푸린양은 사각사각 밟히는 낙엽소리가 예쁘단다. 두툼하게 쌓인 낙엽더미 위에 팔베개를 하고 드러누운 초딩군도 여유로와 보인다. 바스르 부서지는 낙엽의 촉감과 사각거리는 낙엽소리에 취하는 평화로운 가을날이다.

쨍하게 맑았던 하늘이 점점 우중충해진다. 변덕 심하기로 유명한 영국 날씨답다. 한바탕 뛰어논 아이들과 슈퍼에서 사온 점심거리를 꺼내들고 잔디밭에 자리를 잡으려는데 초딩군이 급하게 말린다. 가을날 맨 풀밭에 앉으면 쯔쯔가무시병에 걸릴 수 있다고 위기탈출에서 넘버원 씨가 그랬단다. 런더너 흉내 좀 내보려는 엄마의 바람은 잠시 접어두기로 하고, 배낭 속에 담아온 작은 돗자리를 펼친다. 생각보다 맛있는 파스타와 샐러드를 남김없이 먹어 치웠다. 따끈한 커피까지 있다면 금상첨화련만, 어디에도 커피 자판기가 없다.

마실 나온 주민처럼 느긋하게 공원을 산책하다 보니 이정표 하나가 눈에 띈다. '다이애나비 추모분수 Diana Princess of Wales Memorial Fountain.' 연예인도 아니고 스포츠 스타도 아닌데, 그녀처럼 전 세계인의 관심을 받은 이가 또 있을까. 부러움의 대상이었던 그녀가 졸지에 연민의 대상이 될 줄은 또 누가 알았겠는가. 다이애나비의 추모분수가 궁금해진다. 피터팬 동상 쪽으로 가고 싶다던 아이들에게 다이애나비의 이야기를 들려준다.

"다이애나비는 영국의 왕세자비였어. 그런데 왕실 생활이 힘들었대. 불행한 결혼생활을 참다가 결국 이혼했어. 그 이혼이 영국왕실 최초의 이혼이래. 이혼한 후에 다이애나는 잠시 행복했대. 하지만 프랑스에서 교통사고를 당해 죽었어. 오늘 K아줌마네가 간 해롯백화점 아들이 다이애너와 함께 차에 타고 있던 사람이야. 그리고 며칠 전에 갔던 이튼 스쿨 기억나지? 거기 다니는 왕자들 엄마가 바로 다이애나야."

푸린양이 고개를 갸웃하며 묻는다.

"엄마, 그럼 왕자들은 엄마가 없겠네?"

다이애나비의 이혼 뉴스를 접했을 때, 교통사고 뉴스를 들었을 때, 처음 떠오른 생각이었다. 이제 왕자들은 엄마 없이 커야겠구나. 안주인 없는 궁전도 괜찮고, 홀아비가 된 황태자도 괜찮은데, 엄마 잃은 두 아들은 참 안쓰러웠다.

피터팬 동상 말고 다이애나비 분수로 가보잔다. 낙엽 속을 뒹굴고 넓디 넓은 공원을 제법 걸어서 피곤할 텐데 아이들 걸음이 빠르다. 스토리텔링의 힘이라고 우겨볼까?

써펜타인 호수를 빙 돌아, 걷고 또 걸어 드디어 추모분수 앞에 도착했다. 다이애나비의 사진이 담긴 작은 표지판과 라벤더를 닮은 보라색 꽃무리가 방문객을 맞아준다. 소박한 꽃밭 너머 등장할 다이애나비의 추모분수가 기대된다.

"어? 이게 분수야? 이게 왜 분수야?"

"엄마, 분수가 신기하다. 꼭 뫼비우스의 띠 같아."

물줄기가 솟아올라 아래로 후두둑 떨어지는 분수를 상상했던 우리의 기대가 여지없이 무너졌다. 이건 분수가 아니잖아.

다이애나비 추모분수는 초딩군 표현처럼 뫼비우스의 띠를 바닥에 옮겨놓은 형상이다. 둥근 수로를 따라 맑은 물이 졸졸 흘러갈 뿐이다. 이 분수는 애초에 반지를 연상시키는 타원형으로 설계되었다고 한다. 행여 물방울이 튈 새라 가까이 가지 못하는 기존의 분수형태가 아니라 누구든 물장구를 치며 다가갈 수 있는 분수, 누구든 걸터앉아 담소를 나눌 수 있는 분수를 만들고자 했다고 한다. 다정하고 친근한 모습으로 국민의 사랑을 받던 다이애나비의 생전 모습을 담아내려고 애쓴 마음이 전해진다. 분수가 완공된 후 처음으로 이곳을 방문한 여왕은 분수 위를 뛰어다니고 첨벙거리며 물놀이를 하는 아이들 모습에 적잖이 당황했지만 시간이 지나면서 시민들의 휴식터와 아이들의 놀이터로 자연스레 다가가 있는 모습을 보고 흡족해했다고 한다. 날이 조금만 더 따뜻했다면 물 속에 들어가 첨벙거리련만 쌀쌀한 날씨 때문에 두 아이는 분수 가장자리만 열심히 뛰어다닌다. 조르르 흘러가는 물소리도 경쾌하고 까르르 아이들의 웃음소리도 경쾌하다. 추모라는 단어가 주는 경건함과 숙연함은 없지만 누구든 이곳에 오면 미소띤 그녀를 떠올릴 수 있지 않을까. 다이애나비를 추모하는 영국인의 방법이 참 밝고 유쾌하다.

"엄마, 우리 다음에는 여름에 오자. 여기서 꼭 놀아보고 싶어."

푸린양과 손가락 약속을 하며 추모분수를 떠난다.

그런데 초딩군의 표정이 뭔가 초조해 보인다.

"엄마, 나 화장실 좀 갈래."

그러고 보니 공원에 화장실이 많지 않다. 한 번 지나치면 다음 화장실까지 꽤 많은 거리를 걸어야 한다. 써펜타인 호수 옆 화장실을 여유롭게 지나치더니 초딩군이 다급한가 보다.

좀처럼 화장실 표시가 보이질 않는다. 추모분수를 지금의 형태로 만든 이유 중의 하나도 하이드파크가 가진 땅의 지형을 훼손하지 않기 위해서란다. 그런 이유로 공원 내에 각종 시설을 최소화하고 규제도 철저히 한다더니 화장실도 그 대상인가 보다. 초딩군이 바지춤을 붙잡고 데굴데굴 눈알을 굴리고 있다.

"엄마, 먼저 달려가서 화장실 좀 찾아볼게."

바람같이 쌩하고 뛰어가더니 어느새 시야에서 사라졌다. 잠시 후 살만해진 얼굴로 나타났다.

"다행히 화장실이 있었구나."

"다행히 사람들이 없더라고."

지나친 규제는 불법을 양산하는 법이다!

런던의
심야 빨래방

열흘 묵은 빨래가 산더미다. 손바닥만한 세면대에서 양말과 속옷만 간신히 주물러 빨고 있다. 잠들기 전 널어두면 밤새 바싹 마른다더니, 습도 높은 런던에서는 안 통한다. 오늘은 빨래 좀 해야겠다!

비행기에서 어린이 승객용 선물로 받은 장바구니에 빨랫거리를 쑤셔 넣었다. 빨랫감이 흘러넘치는 장바구니를 하나씩 들고 K와 빨래방을 찾아 나선다. 아이들은 호스텔에 남아 있겠단다.

주말 저녁, 거리는 활기 넘친다. 레스토랑에는 도란도란 모여 식사하는 가족들로, 펍에는 와자지껄 소란스럽게 맥주를 들이켜는 친구들로, 작은 카페에는 은근한 눈빛을 주고받는 연인들로 가득하다. 쇼윈도에 우리 모습이 비친다. 터질 듯한 빨래가방을 든 꾀죄죄한 동양아줌마. 어쩌다 보니 신발마저 슬리퍼를 끌고 나왔다.

며칠 전 포토벨로 마켓에 다녀올 때, 분명히 여기쯤에서 보았는데 아무리 두리번거려도 빨래방이 보이지 않는다. 사잇골목까지 기웃거렸지만 도무지 찾을 수가 없다. 묵직한 빨래가방을 들고, 왔던 길을 되짚어 간다. 어느새 숙소 앞이다. 같은 숙소에 묵고 있는 이탈리아 아가씨들이 문 앞에서 담배를 피우고 있다(날라리 구직멤버들이다).

"저기요. 혹시 빨래방 어디 있는 줄 알아요? 빨래하려고 이렇게 보따리를 들고 나왔는데 찾을 수가 없네요."

"저희도 모르겠어요. 저희도 빨래하려다 못했어요. 호스텔 아저씨한테 물어보세요. 아마 그 아저씨라면 알걸요. 뭐든 다 알잖아요."

그 순간, 아가씨와 우리가 눈을 맞추며 동시에 외친다.

"I think so!"

예상대로 호스텔 아저씨는 정확하게 알고 있었다. 빨래방은 우리가 처음 갔던 지점에서 10미터 위쪽에 있었다. 세탁기와 건조기가 양쪽 벽면에 나란히 설치되어 있고 풍채 좋은 할머니가 구석에 앉아 동전을 바꿔주고 있다. 열흘 묵은 두 집 빨래양이 만만치 않아 세탁기 한 대가 가득 차고도 티셔츠 몇 장이 남았다. '빨래를 너무 많이 넣지 마세요!' 라는 문구를 눈앞에 두고 우리는 고민에 휩싸였다.

"다른 세탁기에 집어넣어? 너무 비싼데…."

그때 우리를 지켜보던 할머니가 자리에서 일어난다. 단골손님인 듯한 백인청년에게 문단속을 지시하고 뒷문으로 사라졌다.

뒷문이 닫히는 소리가 들리자, K와 살며시 눈빛을 주고받는다. 남아 있던 티셔츠를 조심스럽게 세탁기에 우겨 넣었다. 빙그르르 세탁기가 돌기 시작한다. 백인청년은 고개를 숙이고 핸드폰 게임에 빠져 있다.

　잠시 후 20대로 보이는 뚱뚱한 흑인 커플이 커다란 트렁크를 끌고 빨래방으로 들어온다. 커플은 이미 멈춰 있는 건조기 앞에 서더니 익숙한 손놀림으로 빨래를 꺼낸다. 티셔츠와 바지, 양말과 속옷까지 온갖 빨랫거리가 뒤섞여 있다. 남자는 건조기에서 빨래를 꺼내 바구니에 담고 여자는 차곡차곡 접어 트렁크에 집어넣는다. 트렁크는 잘 정리된 신도시처럼 구획이 정확하게 나뉘어 있다. 할당된 구역에 빨랫감을 정리하는 것이 오늘밤 소명이라도 된 양 여자는 신중하다. 한 치의 흐트러짐도, 한 치의 침범도 없다. 그들의 트렁크가 갓 마른 빨래로 가득해졌다. 트렁크 구석에는 운동화도 한 켤레 들어 있다. 한참 동안 빨래를 정리하던 커플은 힘겹게 가방을 잠그고 문을 나선다. 방향을 잃은 것처럼 한동안 멍하게 서 있던 그들이 발걸음을 옮긴다. 느릿느릿.

　얼마 후, 이번에는 비쩍 마른 동양남자가 들어온다. 50대 중반쯤으로 보이는 남자는 범죄영화에서 범인이 주로 들고 다니는 커다랗고 시커먼 가방을 들고 있다. 작동을 멈춘 건조기를 열고 역시 익숙한 손놀림으로 빨래를 꺼낸다. 도대체 몇 장이야? 남성용 런닝셔츠와 삼각팬티가 끝없이 나온다. 숙련된 솜씨로 '착착착' 개더니 런닝셔츠는 셔츠끼리, 팬티는 팬티끼리 포개어 탑을 쌓는다. 족히 50센티미터는 될 만한 높이인데 어찌나 곧게 쌓아올렸는지 삐져나온 속옷이 한 장도 없다. 탑을 완성시킨 남자가 가방지퍼를 '부욱' 연다. 팬티 탑의 위쪽을 손바닥으로 누르고 나머지 손을 바닥에 쑥 집어넣더니 순식간에 들어올려 가방 속으로 집어넣는다. 시커먼 가방이 새하얀 속옷들로 가득하다. 남자는 단 한번의 곁눈질도 없이 빨래방 문을 열고 나간다. 빨리빨리.

휘날리는 금발 앞에서, 탱탱한 갈색 피부 앞에서, 푸석한 머리칼에 누렇게 얼굴이 뜬 동양아줌마는 기가 좀 죽었었다. 능력있는 이민자 사장님 앞에서 별 볼일 없는 자국땅 붙박이인 나는 좀 초라했다. 누가 뭐라고 하는 것도 아닌데, 나는 작아졌다. 내가 중얼거리는 영어를 못 알아듣고 되묻기라도 하면 더욱 작아졌다. 그들은 백인이고 나는 황인이라는, 그들은 영국인이고 나는 한국인이라는 우스운 열등감도 있었을 것이다. 그 못난 마음도 한몫했을 것이다.

그런데 오늘, 빨래방에서 마주친 그들은 오히려 위로가 필요해 보인다. 플랫flat이라 부르는 도심의 소형 아파트에 세탁공간이 거의 없다는 것을 몰랐던 건 아니다. 하지만 도시 전체가 들뜬 주말 저녁 퀴퀴한 빨래거리를 들고 빨래방을 찾는 그들이라니. 빨래할 세탁기도, 널어 말린 공간도 없어 동전 세탁기에 빨래를 하고, 가방 한가득 속옷을 채워 빨래방을 찾는 그들에게는 미안하지만, 나는 조금 기운이 난다. 하나같이 모델 같은 그들 사이에서, 하나같이 성공한 이민자 같은 그들 사이에서 주눅 들었던 내 어깨가 조금 펴진다. 위로가 필요한 런더너가 있다는 사실이, 나에게도 위로가 된다. 게다가 나는 세탁기도 있고 빨래 말릴 베란다도 있다!

긴 하루

벽시계의 비밀

오전 10시

오늘 우리는 튤립과 풍차의 나라, 네덜란드로 간다. 런던에서 유로스타를 타고 벨기에 브뤼셀에 도착한 다음, 브뤼셀 중앙역에서 네덜란드 암스테르담행 열차로 갈아타야 한다. 런던에서 출발한 유로스타가 프랑스 땅도 통과하니, 장장 네 나라를 거쳐가는 여정이다. 열차표를 배낭에 옮겨 넣고 지퍼를 굳게 잠근다.

호스텔 사무실에서 체크아웃을 하다가 우연히 벽시계를 보았다. 어?

우리가 타야 할 유로스타는 11시 57분발이다. 유로스타를 탈 세인트 판크라스역st. Pancras Station까지는 지하철로 고작 열 정거장이니 한 시간이면 충분한 거리다. 방금 전 주방에서 확인한 시각이 10시였다. 간단히 아침 먹고 출발하면 여유있게 도착해 수속까지 끝낼 수 있겠다는 계산을 마친 참이다. 그런데 사무실 벽시계가 11시를 가리키고 있다. 고장 난 건가? 고개를 갸웃하며 체크아웃을 마친다. 먹다만 아침을 먹으려고 들어간 주방의 시계는 10시 5분. 지금 출발하면 문제없겠다. 이제 이동을 시작해볼까.

며칠 동안 정이 들었는지, 거리마저도 아쉽다. 열심히 눈에 담으며 마음으로 작별인사를 나누는데, 아담한 꽃집 안에 걸린 시계가 눈에 들어온다. 11시 10분.

'어? 11시 10분이라고? 그럴 리가 없잖아. 방금 10시 5분인 걸 확인하고 나왔는데!'

호스텔 사무실 시계와 꽃집 시계가 11시 10분을 가리키고 있다. 신경 쓰인다. 지하철 역에 도착하자마자 시계부터 찾는다. 역 중앙에 걸린 큼지막한 시계 10시 12분.

영국에서의 일정 중 은근히 피곤했던 일이 바로 기차 때문이었다. 확실하게 해둘 필요가 있다. 단정한 정장을 입고 플랫폼에 서 있는 아가씨에게 다가간다.

"저기, 지금 몇 시에요?"

"10시 15분이요."

플랫폼 중앙에 걸린 시계를 가리킨다.

"저 시계가 정확한가요?"

"물론이에요. 지난 5년 동안 한 번도 틀린 적이 없었어요."

호스텔의 고장난 벽시계 때문에 쓸데없는 걱정을 했다.

지하철에 올라 초딩군에게 자초지종을 얘기했다. 초딩군은 제법 의젓한 목소리로, 아까 런던 누나가 맞을 거니 걱정 말란다. 가벼운 마음으로 지하철 노선도를 훑어보고 있을 때 초딩군이 다가와 속삭인다.

"엄마, 저기 앉아 있는 사람 시계를 봤는데 11시 30분이야."

커플 점퍼처럼 비슷한 디자인의 옷을 입고 있는 여행자 가족을 눈짓으로 가리킨다.

"그치? 뭔가 이상하지?"

10시 30분이건 11시 30분이건 유로스타만 탈 수 있다면 문제될 게 없다. 하지만 지금이 11시 30분이라면, 유로스타는 절대로 탈 수가 없다. 지하철 역 시계가 틀린 적이 없었다는 런던 아가씨의 확신에 희망을 걸어본다.

판크라스역 도착. 짐가방을 번쩍 들고 계단을 뛰어 오른다. 숨이 턱까지 차오른다. 유럽 교통의 중심역사답게 판크라스역은 크고 세련되었다. 하지만 우리는 지금 현대적이고 깨끗한 역사에 눈을 줄 여유가 없다.

"엄마! 시계 찾았어!"

"어디? 지금 몇 시야?"

"10시 55분."

살았다. 불안하고 초조했던 마음이 순식간에 녹아내리며 동시에 맥이 탁 풀린다.

"휴, 이제 그만 뛰자."

탑승수속을 마치고 나서야 우리는 '시간'들의 진상을 알게 되었다. 10월 마지막 일요일인 오늘 0시를 기해 윈터타임이 실시되었단다. 썸머타임으로 한 시간 앞당겨진 시각을, 다시 원상복귀 시키는 날인 것이다. 그러니 어제까지 11시였던 시계를, 오늘부터는 10시로 맞추어야 제 시각인 셈이다.

상황설명을 해주는 역무원에게, 우리가 얼마나 불안하고 마음 졸였는 줄 아느냐, 기차 놓치는 줄 알았다며 하소연을 마구 늘어놓는다. 역무원은 종종 이런 일이 있다며, 특히 여행자들은 더욱 당황스러워한다고 한다. 그러고 보니 시각이 제대로였던 사람들은 대부분 말쑥한 정장을 차려입고 출근하는 런던 현지인들이었고, 엉뚱한 시각이었던 사람들은 거의 여행자들이었다.

남의 나라 윈터타임 때문에 내 속이 탈 거라고는 상상조차 못했는데, 이래서 지구촌이라 하는 건가. 그렇지만 이렇게 속 타는 지구촌은 사양하고 싶다!

런던발 브뤼셀행 유로스타가 움직인다.

유로스타, 너는 토마스가 아니야

오전 11시 57분
"이 기차가 바닷속을 지나가는 거야."

"어떻게? 그럼 물고기가 보여?"

"이그, 이 꼬맹아! 물고기는 안 보여. 바닷속에 터널을 만들어서 그 안을 지나가는 거야."

초딩군이 푸린양을 옆에 두고 열심히 설명하고 있다. 푸린양은 아직 제대로 이해가 안 되나 보다.

"그러면 터널에 물고기가 있어?"

유럽의 근현대사에 관심이 많은 초딩군은, 이번 여행 스케줄을 짜는 동안 제법 쓸 만한 의논상대가 되어 주었다. 장소를 결정할 때에는 역사적 배경이나 사건을 들려주며 어떤 의미가 있는 곳인지 알려주었고, 나라간 이동을 결정해야 할 때는 거리나 위치를 조언해주어 적절히 시간 안배를 할 수 있었다. 섬나라인 영국에서 유럽대륙으로 넘어가려면 영국과 프랑스간 해협인 도버해협Strait of Dover을 건너야 한다. 비행기를 타고 날아가거나 버스로 해협간 다리를 건너거나 유로스타를 타고 해저터널을 관통해가는 방법이 있는데 초딩군은 반드시 해저터널을 지나는 유로스타를 타야 한단다. 도버해협의 해저터널이야말로 유럽대륙의 상징이라나?

기차 창 밖으로 스치는 하늘은 금방이라도 비를 뿌릴 듯 흐려 있다. 열흘간 우리를 품어준 영국, 이제 굿바이!

창 밖이 어두워지는가 싶더니 조금 후 시가지가 나타난다.

"초딩! 언제 해저터널 지나가?"

"방금 지난 건데."

"뭐라구? 뭐 그렇게 짧아?"

"해협이니까. 직선거리가 40km 밖에 안 돼. 이 유로스타 시속이 300 킬로니까 8분이면 통과하는 거지."

차내 방송이 들려온다. 프랑스 말이 둥글둥글 굴러나오고 뒤이어 영어 방송이 이어진다. 프랑스에 진입했음을 알리는 안내방송이겠지, 하며 무심히 스치는데 방송이 꽤 길다. 그사이 기차는 조금씩 속도를 늦춘다. 옆 좌석의 아줌마들이 중얼거리며 짐을 챙기기 시작한다. 한 번 더 들려오는 방송에 귀를 쫑긋 세운다. 기차에 문제가 생겨서 기차를 갈아타야 한다는 것 같다.

"무슨 일이에요?"

짐을 챙겨 자리에서 일어선 옆 아줌마에게 묻는다.

"기차에 문제가 생겼대요."

"내려야 하나요?"

"어디까지 가요?"

"브뤼셀까지요."

"이 기차는 프랑스 릴Lille까지만 갈 수 있대요. 이번 역이 릴이니까 모두 내려야 해요. 우리도 브뤼셀까지 가니까 따라와요."

"고마워요. 근데 이 기차는 무슨 문제가 생긴 거예요?"

"정확히는 모르겠지만 이 기차의 문제가 아니고 다른 기차가 해저터널 가운데서 멈췄다고 하네요. 그 기차에 탄 승객들을 이 기차가 태우러 가야 하나 봐요."

여행 오기 전, 유로스타 다섯 대가 연달아 해저터널 한가운데서 멈추는 바람에 승객 2천 명이 터널 안에서 하룻밤을 보냈다는 기사를 읽은 적이 있다. 우리 기차가 멈춰선 게 아니라서 천만다행이긴 하지만 승객을 구조하러 출동한다고? 우리 기차가 뭐 토마스인가?

기차가 천천히 릴역에 들어선다. 짐을 들고 낑낑거리며 기차에서 내린다. 플랫폼은 어리둥절한 표정의 승객들로 가득하다.

"얼마나 기다려야 한대요?"

브뤼셀로 간다는 옆 좌석 아줌마에게 다시 묻는다.

"아직 정확하게는 모르나봐요. 너무 걱정말아요."

멍하니 30분이 지났다. 역무원이 바쁘게 움직이고 뒤이어 승객들이

주섬주섬 짐을 챙겨든다.

"이쪽 기차를 타세요."

"좌석은 어떻게 앉아야 하죠?"

"올 때 앉았던 좌석하고 같은 좌석에 앉으면 돼요."

행여 우리가 제대로 못 탈까봐 걱정스러웠는지 옆 좌석 아줌마가 손신호를 보낸다.

기차가 다시 출발하고 얼마 지나지 않아 키 작은 역무원 아가씨가 객차에 들어온다. 승객 한명 한명에게 일일이 다음 일정을 묻고 있다. 종착지인 브뤼셀역에 내리는 승객들은 다른 나라나 도시로 이동하는 경우가 많기 때문에 연결된 기차시각을 확인하는 중이다. 지연된 유로스타로 인해 다음 기차를 탑승하는 데 문제가 있을 경우 새로운 기차로 연결해주고 있다.

"최종 목적지가 어디세요?"

"암스테르담이요."

"티켓 좀 보여주시겠어요?"

준비하고 있던 티켓을 건네자 역무원 아가씨가 대번에 미소를 짓는다.

"이 기차라면 놓치지 않고 탈 수 있겠네요. 좋은 여행 되세요."

1시간 20분 정도 여유시간을 두고 예약했으니 아까 릴에서 지나간 30분을 빼고도 50분이나 시간 여유가 있다.

브뤼셀 미디역^{Gare du Midi}에 도착했다. 기차가 멈춰서고 승객들이 서둘러 기차를 벗어난다. 저마다의 티켓을 들고 각자의 플랫폼을 찾아 흩어진다. 우리도 암스테르담행 기차가 출발하는 브뤼셀 중앙역^{Gare Centrale}으로 이동해야 한다. 유로스타를 타고 미디역에 도착한 승객은 중앙역까지 기차를 무료로 이용할 수 있다. 왠지 중앙역은 복잡하고 사람이 아주 많을 것 같으니 한가로운 이곳 미디역에서 암스테르담행 티켓을 받아가자. 중앙역에서 바로 기차에 오를 수 있게.

아이들은 플랫폼에서 또 기다리기로 하고 나는 매표소를 찾아 또 뛴다. 생각보다 역이 넓다. 아침이랍시고 빵 몇 조각 먹은 게 전부인데 기차시간 계산하며 뛰다보니 다리가 후들거린다. 넓은 역내를 족히 반 바퀴는 뛴 것 같은데 매표소가 보이질 않는다. 군데군데 창구 모양새를 한 곳은 굳게 닫혀 있고 불마저 꺼져 있다. 여행자센터 직원은 여행에 대한 정보만 제공해줄 뿐 기차표에 대한 정보는 알 수 없다고 한다.

어느새 20분이 훌쩍 지나버렸다. 역무원 아가씨는 예정대로 기차를 탈 수 있겠다고 했지만 시간이 빠듯하다. 처음 예정대로 중앙역에서 티켓을 받아야겠다. 역 반 바퀴를 다시 뛰어 아이들에게 돌아간다.

중앙역으로 가는 기차가 들어온다. 암스테르담행 기차 출발시각까지 30분 남았는데 우리는 아직 티켓을 손에 쥐지 못했다.

네버 엔딩 스토리

오후 4시 20분

뭔가 느낌이 좋지 않다.

예약한 암스테르담행 기차는 4시 23분발.

중앙역으로 가는 기차 안에 있는 지금 시각 4시 20분.

중앙역 도착, 티켓 받기, 암스테르담 기차 탑승. 이 세 가지를 3분 안에 해결할 수 있는 방법은 램프의 요정 지니가 등장하는 수밖에 없다.

중앙역 플랫폼에 도착한 지금 시각 4시 25분.

암스테르담행 기차는 떠났다.

'방법이 있을 거야. 어떻게든 갈 수 있을 거야.'

머릿속이 와글와글 시끄럽다.

중앙역 입구에 있는 여행자센터에는 두 명의 남자직원이 여행자들을 돕고 있다. 몸피만한 배낭을 메고 있거나 커다란 바퀴가방을 끌고 있는 여행자들이 그들 앞으로 길게 줄을 서 있다. 대부분 기차표를 예약하거나 발급받는 중이다. 초행인 여행자들이니 기차시간 말고도 묻는 게 많다. 친절한 두 직원은 일일이 상냥하게 답을 해준다. 질문은 끝없이 많고 대답은 한없이 친절하다. 마음이 급해진다. 아이들만 남겨두고 왔으니 빨리 돌아가야 하는데 좀처럼 줄이 줄지 않는다.

드디어 우리 차례다. 직원에게 예약서류를 내민다.

"기차를 놓쳤는데 어떻게 해야 하죠?"

직원이 서류를 꼼꼼히 들여다본다. 침이 꼴깍 넘어간다.

"이 티켓은 시간이 정해진 게 아니니까 다음 기차를 타면 돼요."

"다음 기차는 언제죠?"

"한 시간 후에요. 그런데 이 티켓은 홈프린트 티켓이에요. 그러니까 집에서 직접 프린트해서 가져와야 하는 티켓이라구요."

"그래요? 여기서 프린트할 수는 없을까요?"

"여기서 프린트하게 되면 1장당 1.50 유로씩 수수료를 내야 해요."

"출력해주세요."

'우웅' 하며 프린터가 작동되더니 순식간에 기차 티켓이 인쇄되어 나온다.

"확인해봅시다. 브뤼셀 중앙역에서 암스테르담 중앙역까지 가는 티켓 세 장이구요. 암스테르담에서 브뤼셀까지 돌아오는 티켓 세 장이에요. 자, 됐죠?"

어? 이상하다?

"왜 여섯 장뿐이죠? 우리 일행은 여섯 명이구요. 왕복 티켓이니 모두 열두 장이 필요해요."

"확인해볼게요. 음…. 아까 보여준 예약서류에는 세 명만 예약되어 있네요. 다른 예약이 있는 서류를 주세요."

아, 그렇다. 네덜란드 철도회사에 접속해 기차를 예약할 때 동시 예약 가능인원이 최대 다섯 명이었다. 그래서 가족끼리 세 명씩 따로 예약했으니 예약 서류가 한 장 더 있는 게 맞겠다. 예약서류들을 넣어둔 파일을 한 장 한 장 넘겨본다. 없다. 하지만 이런 사태에 대비해 K도 여분으로 출력해왔으니 상심하기는 아직 이르다. 애써 마음을 다독이며 K

의 분홍색 파일을 샅샅이 뒤진다. 그러나 K의 파일에도 남은 셋의 예약 서류가 없다. 신용카드로 예약했으니 카드번호로 조회를 부탁해보자. 영국에서는 그렇게 처리된 적이 있었으니까.

"기차표를 예매할 때 이 신용카드로 결제했거든요. 카드번호로 확인해주세요."

직원이 이내 고개를 저으며 카드를 돌려준다. 기차표를 예매한 곳은 네덜란드 철도회사이고, 이곳은 벨기에 역이니 시스템이 맞지 않아 신용카드로는 조회할 수 없단다.

"표를 새로 사야 하는 건가요?"

"현재로선 그래요."

초딩군과 푸린양이 어린이 요금을 적용받는다고 해도 왕복 16만원이다. 16만원이면, 이틀치 숙박비고 일주일 식비다. 어쩌나? 어쩌지? 어쩌…지…. 아!

"역에서 와이파이 되나요?"

"미안해요. 안 돼요."

"근처에 인터넷 쓸 만한 곳이 있나요?"

"광장 건너편 호텔이 될 거에요."

"거기서 출력도 할 수 있을까요?"

"그건 장담할 수 없네요."

"기차표 말이에요. 출력 못해도 예약번호만 알면 되는 거죠?"

"물론이에요."

셋의 기차표 예약확인 메일이 내 메일함에는 도착해 있을 테니, 메일함에 접속만 하면 간단한 문제다. 인터넷만 연결할 수 있다면 쉽게 풀리겠다. 역사 가운데서 지루하게 엄마를 기다리고 있는 아이들에게 돌아가 간단히 상황을 설명한다.

"시간이 좀 더 걸릴 것 같아. 힘들어도 조금 더 기다려줘!"

"엄마, 근데 너무 배고파."

K는 역에 남아 점심을 거른 아이들에게 뭘 좀 먹이기로 하고, 나는 넷북을 꺼내 들고 호텔을 향해 또 뛴다.

광장 건너편에 벨기에 국기가 펄럭이는 고풍스런 호텔이 보인다. 곧장 호텔 안으로 들어간다. 바로크풍의 우아한 소파가 놓인 깨끗하고 넓은 로비에 우아한 클래식 음악이 흐르고 있다. 50대 백인 부부가 잡지를 뒤적이며 여유롭게 차를 마시고 있다.

다.다.다.다.

나도 모르게 발걸음이 빨라진다. 프런트 직원들이 일제히 쳐다본다. 커피잔을 들어올리던 백인 부인도 고개를 들어 쳐다본다. 이런 시선에 쭈뼛거릴 때가 아니다. 비어 있는 소파에 털썩 주저앉는다. 윤기 흐르는 밤색 테이블 위에 넷북을 올리고 전원을 켠다. 깍지 낀 두 손을 입술에 가져다 대고 중얼거린다. 빨리빨리.

모래시계 속 모래가 답답할 만큼 천천히 내려오더니 겨우 접속되었다. 호텔 홈페이지가 열렸다. 이제 네이버에 접속해서 메일함만 열면 된다. 생각보다 쉽게 마무리되고 있다. 얼른 돌아가서 기차표를 받고 오래 기다린 아이들 옆에 있어줘야겠다. 그때 '연결 실패' 라는 메시지가 뜬다. 호텔 투숙객에 한해서 30분 동안 무료로 인터넷을 사용할 수 있다는 짧은 문장이 그제서야 눈에 들어온다. 방 번호와 게스트 이름을 입력해야 승인이 나게 되어 있다.

고개를 들어 로비를 둘러본다. 평화로와 보이는 50대 백인 부부는 아직도 그 자리에서 차를 마시고 있고, 안쪽의 창가에는 말쑥한 청년 둘이 휴대폰을 만지작거리고 있다. 청년들이 앉아 있는 테이블로 무작정 걸어간다. 갑자기 등장한 동양 아줌마에 놀랐는지 그렇지 않아도 커다란 청년들의 눈이 더 동그래진다.

"놀라게 해서 미안해요. 부탁할 게 있어서요. 제가 지금 꼭 인터넷을 써야 하는데, 호텔 방 번호와 게스트 이름을 알아야 쓸 수 있다네요. 미안하지만 방 번호 좀 알려줄 수 있어요? 부탁할게요."

"미안해요. 저희는 이미 30분을 썼어요. 도와주지 못해서 정말 미안해요."

방 하나당 허용된 시간은 딱 30분인데 자기네는 어젯밤에 30분을 다 썼단다. 이제 호텔 로비에 남은 투숙객은 50대 부부다. 인터넷 사용하려는데 방 번호 좀 알려주세요, 했다가 컴퓨터의 역사를 설명해야 할 것 같은 그들은 포기하자. 이제 어떡하지?

인터넷 접속만 하면 금세 해결될 일인데 일이 돌아가는 본새가 심상치 않다. 심호흡을 한번 하고 프런트를 향해 뚜벅뚜벅 걸어간다.

"익스 큐즈 미."

"봉주르, 도와드릴까요?"

"여기 투숙객은 아닌데요. 제가 꼭 인터넷을 써야만 하는 상황인데 인터넷을 사용할 수 있나요?"

반짝반짝 빛나는 이름표를 가슴에 단 호텔직원에게 말을 꺼낸다. 미간을 찡그린 채 집중해서 듣던 직원이, 옆 직원에게 불어로 속삭인다. 말을 전해들은 연갈색 피부의 직원이 손바닥을 쫙 펴보이며 어깨를 들썩하더니 고개를 절레절레 흔든다.

"여기 투숙객이 아니면 사용할 수 없답니다."

"부탁할게요. 오늘 암스테르담으로 꼭 가야 하거든요. 아이들이 지금 중앙역에서 기다리고 있어요. 인터넷을 사용할 방법이 없을까요?"

직원이 연갈색 피부의 직원과 다시 한번 의논을 한다. 이번에는 매니저 이름표를 단 직원에게 나를 데려간다. 직원은 마치 자기 사정인 양 딱한 표정을 지으며 나지막한 목소리로 이야기한다. 매니저는 가끔씩 나를 쳐다보며 보일 듯 말 듯 고개를 끄덕인다. 나를 데리고 갔던 직원이 미소를 띠며 다가온다.

"비즈니스룸을 사용하시랍니다."

"비즈니스룸이요? 저기…, 돈 내야 하나요?"

"아니에요. 무료로 사용하시면 됩니다."

직원이 프런트 옆에 있는 비즈니스룸으로 안내해준다. 숨을 고를 새도 없이 비즈니스룸에 들어선다. 비행기의 비즈니스 클래스를 떠올려서 인가, 비즈니스룸은 생각보다 작고 초라하다. 책상 하나를 거뜬히 차지하는 뚱뚱한 모니터와 군데군데 손때가 묻은 꾀죄죄한 키보드를 끼고 있는 컴퓨터 세 대가 옹색하게 놓여 있다. 한 가족이 독일어로 불평을 늘어놓으며 비즈니스룸을 나간다.

나란히 줄지어 놓여 있는 컴퓨터 중 한 대로 다가가 인터넷을 실행시킨다. 파란 화면에 오랫동안 모래시계가 떠있더니 메시지 한 줄을 남기고 사라진다. '연결에 실패했습니다.'

두 번째 컴퓨터로 옮겨 앉는다. 독일 가족이 미처 끄지 않고 나가서인지 모니터는 구글을 비추고 있다. 주소창에 네이버 주소만 입력하면 되겠다. 어? 이건 뭐야? 알파벳 a를 치려는데 자꾸만 q가 입력된다. v를 누르면 m이 입력된다. 게다가 키보드 자판이 세 개나 빠져 있다. 독일 가족이 왜 그리 험한 인상을 쓰며 퇴장했는지 알겠다. 서둘러 일을 처리하고 한 시간 후라던 다음 기차를 타려고 했는데 과연 탈 수 있을까?

'이제 네가 마지막이다. 잘 해보자! 제발!!'

간절한 마음으로 세 번째 컴퓨터 앞에 앉는다. 일단 키보드의 외관은 양호하다. 숨을 멈추고 주소를 입력한다. 아, 역시…. 이 키보드는 겉만 그럴싸했지 속은 엉망이다. 자판의 절반이 남의 자리에 앉아 있다. 글자가 보이는 주소창에 자판을 눌러 확인해가며 겨우 네이버에 접속했다. 이제는 비밀번호 입력이 문제다. 온통 ***로 찍히는 글자를 무슨 수로 알아내지? 이대로 암스테르담행을 포기해야 하나? 풍차를 보고 나막신을 신어보고 싶은 소망은 둘째 문제다. 이미 한국에서 숙소를 예약해두었고 하루치 숙박비를 보증금으로 걸어두었다. 숙박 당일인 오늘 취소하게 되면 하루치 숙박비는 날리게 되고, 오늘 머물 숙소도 다시 구해야 한다. 따질 필요도 없이 우리는 무조건 암스테르담에 가야 하고, 나는 반드시 예약번호를 알아내야 한다.

메모지 한 장을 꺼낸다. 글자가 보이는 주소 입력창에 알파벳과 숫자, 기호를 모두 입력해가며 키보드의 숨은 배열을 해독한다. 해독 완료! 비밀번호 입력 성공! 드디어 내 메일함에 도착했다. 산 넘어 산이라더니, 이번에는 한글이 문제다. 한글지원이 되지 않는 컴퓨터 모니터 속 한글은 몽땅 깨져서 상형문자라 하기도 쐐기문자라 할 수도 없는 형상이다. 폴더로 나누어 메일을 보관하고 있었는데, 모든 폴더 이름이 깨져 있다. 한 개 한 개 열어보는 수밖에 없다. 네 번째 폴더가 '유럽여행' 폴다. 눈을 가늘게 뜨고 수색하듯 메일을 읽는다.

'없다.'

네덜란드 철도회사에서 온 메일이 없다. 아무리 찾아도 딱 그 메일만 보이지 않는다. 정녕 암스테르담은 생돈 16만원을 내고 가야 하는 것인가? 책상에 엎드려 잠시 눈을 감는다.

'이제 어떡한다?'

영국 숙소를 예약할 때 문의 메일을 아무리 보내도 답장이 오지 않았다. 못 믿을 숙소구만, 하며 예약을 하지 않았는데 얼마 후 그쪽에서 보낸 답신들이 몽땅 '스팸메일함'에 모여 있는 걸 발견했다.

'어쩌면….'

가느다란 희망이 생겨난다. 맨 아래쪽 스팸메일함 폴더를 클릭하니, 해독이 불가능한 상형문자들로 변한 메일들이 주루루 등장한다. 기도하는 마음으로 서너페이지를 넘긴다. 네 번째 페이지 맨 아래쪽에 선명히 보이는 제목 하나, 'no-reply : nshispeed.nl.' 네덜란드 철도회사에서 예약확인 메일에 대한 응답이 없어 재차 보낸 메일이다. 됐다!

메모지에 예약번호를 옮겨 적고 예약번호가 뜬 화면을 휴대폰으로 촬영한다. 이렇게 철저한 사람이 아닌데 이국 땅에서 돈 아끼며 아이들과 살아남으려니 나날이 진화하고 있다.

직원에게 고맙다는 인사를 전하며 호텔 문을 나선다. 어느새 노을이 지고 있다.

"찾았군요. 축하해요!"

여행자센터의 직원이 자기 일처럼 기쁘게 반겨준다. 우웅, 하는 프린터 소리가 멈추고 기차표가 쏟아져 나온다.

천금같은 승차권을 받아들고 아이들에게 뛰어간다. 누운 건지 앉은 건지 분간하기 힘든 자세로 의자에 몸을 걸친 아이들이 보인다. 구내 카페에서 파는 크루아상 한 조각과 따뜻한 커피로 늦을 대로 늦은 점심을 해결한다. 커피의 온기가 졸아붙은 마음까지 녹이는 듯하다.

예정보다 두 시간 늦게 기차에 올랐다. 늦었지만 결국 간다.

우리는 지금 암스테르담으로 가고 있다.

암스테르담으로 가는 길

오후 6시 20분

평일 저녁 암스테르담행 기차는 만원이다. 퇴근하는 직장인, 나들이 갔다 돌아오는 노부부 그리고 큼지막한 여행가방을 들고 있는 여행자들이 뒤섞여 있다. 도르르. 가방을 끌고 기차 두 칸을 지나왔지만 빈자리가 좀체 보이지 않는다.

"엄마, 여기 한 자리 비었어. 아가 앉혀!"

제 몫의 작은 트렁크를 끌고 앞장서 가던 초딩군이 빈자리 하나를 찾아낸다. 동양 아가씨가 홀로 앉아 있는 좌석이다. 아가씨와 눈인사를 나누니, 엉덩이를 옆으로 살짝 비켜주며 나도 같이 앉으라 권한다. 커다란 트렁크를 좌석 발치에 밀어 넣고 푸린양을 앉게 하니, 내 엉덩이를 들이밀 공간은 없다. 트렁크 때문에 의자 밑으로 다리를 내리지 못하는 푸린양은, 두 다리를 쭉 편 채로 앉아 있다.

"큭큭, 얘 레고같애."

코트를 걸려고 일어서던 아가씨가 기차가 흔들리는 탓에 자꾸만 주저 앉는다. 코트를 대신 걸어주었다.

"고마워요. 아이들이 정말 사랑스럽네요. 무척 귀여워요."

타이밍이 살짝 아쉽긴 하지만, 아가씨의 눈빛은 진심으로 두 아이가 귀엽다는 눈빛이다.(확실하다!)

자그마한 체구의 이 동양 아가씨는 중국에서 왔으며, 지금은 비즈니스 여행중이라고 한다. 일도 하면서 유럽에 있는 친구들도 만나고 있는데, 오늘은 암스테르담에 있는 친구들을 만나기로 했다며 설렘을 숨기지 않는다. 유창한 영어, 날씬하고 청순한 외모, 앳된 얼굴. 그동안 가지고 있던 '남자 중국인=정형돈, 여자 중국인=여자 정형돈'이라는 중국인의 이미지가 와장창 깨지고 만다.

　내친 김에 푸린양에게 중국어를 한번 해보라고 했다. 병설유치원 추첨에서 낙방한 푸린양은 사립유치원에 다니고 있는데, 다문화 교육의 일환으로 중국어 수업을 하고 있다. 수업을 하고 온 날은 온종일 중국어를 중얼거리고 중국어 노래까지 흥얼거려주니 비싼 교육비의 쓰라림이 그나마 위로가 되었다.

"옆에 앉은 언니가 중국 사람이래. 중국어 노래 한번 해봐!"

　레고 인형처럼 앉아 있는 푸린양이 고개를 돌려 언니를 쳐다보자, 언니는 기대에 가득 찬 눈빛으로 상냥하게 웃어준다.

"엄마! 노래는 못하게쪄."

　생전 처음 본 중국인을 앞에 두고 중국 노래를 불러보라 하는 건 아무래도 무리다. 처음 만난 영국인 앞에서 비틀즈 노래를 한곡 뽑아보라면 누군들 뽑을 수 있겠는가.

"그럼 중국어 배운 거라도 해봐!"

"나는 잘 생각이 안 나는데…."

　목소리가 하염없이 작아지는 푸린양에게 힌트를 살짝 준다.

"개콘에서 했던 거 있잖아. 감사합니다 그거!"

여전히 친절한 미소를 머금은 채 귀를 쫑긋 세운 중국 언니와 눈을 동그랗게 뜨고 한번 해봐, 라고 속삭이는 엄마를 푸린양이 번갈아 쳐다본다.

푸린양이 입을 연다. 결심이 끝난 모양이다.

"중국어는 정말 못하게쪄."

금방이라도 울음을 터뜨릴 태세다. 소심하기로 초딩군에 버금가는 푸린양인데, 처음 본 외국인 앞에서 뭔가 하기를 기대하다니 역시 무리였다. 우리 소심남매를 어쩌면 좋단 말인가.

부담스러운 중국어 강요시간을 보내고, 푸린양이 지쳐 잠들었다. 의자 팔걸이에 엉덩이를 걸치고 있던 초딩군도 빈자리를 찾아 앉았다. 연신 고개를 떨구며 꾸벅꾸벅 졸고 있다. 멀찍이 빈자리가 보인다. 등받이에 몸을 기대니 피로가 몰려온다. 하품 끝에 까무룩 잠이 들었나 보다. '우웅' 하는 요란한 진동소리에 깨어 휴대폰을 열어보니, 대사관에서 보내는 '네덜란드 도착' 알림 메시지가 와 있다.

네덜란드구나! 제법 큰 역인데도 플랫폼을 밝히는 불빛이 희미하다. 흐릿한 불빛 사이로 익숙한 머리색이 눈에 띈다. 우리와 같은 검은 머리, 중국 언니다.

창에 바짝 다가가 열심히 손을 흔든다. 두리번거리던 중국 언니와 눈이 마주쳤다. 어슴푸레한 플랫폼 위에서, 환한 객차 안에서, 우리는 작별인사를 나눈다.

'금발외 ㅏ라에서 우리 기죽지 말고 건강하게 여행해요.'

드디어 암스테르담 중앙역이다. 한 손은 커다란 트렁크 손잡이를 쥐고, 다른 한 손은 잠에서 덜 깬 푸린양 손을 잡고 어둡고 낯선 거리에 선다. 막막함과 두려움과 무기력함이 뒤섞인 이런 기분, 정말 싫다.

'우리집에 가고 싶다.'

익숙한 버스를 타고, 잘 아는 정류장에 내려 아무런 도움없이 찾아갈 수 있는 우리집에 가고 싶다.

"엄마, 추워."

몸 속 깊은 곳에 숨어버린 의욕을 다시 끄집어내야 할 때다.

암스테르담 운하를 휘도는 강바람을 맞으며 한참을 기다린 끝에 트램에 오른다.

"세인투루반Ceintuurbaan, 세인투루반."

다음 역을 알리는 방송이 들려온다.

"여기야. 내릴 준비하자."

지친 아이들을 다독이며 천천히 내릴 채비를 한다. 이윽고 트램이 멈춰 선다. 작은 트렁크를 든 초딩군이 먼저, 큰 트렁크를 든 내가 두 번째, 마지막으로 푸린양이 내 뒤를 따라 내린다. 도로 가운데의 좁은 보도에 내려서서 횡단보도를 찾고 있던 참이다.

"엄마!"

"푸린아, 엄마가 지금 길을 찾아야 해서 바쁘니까 이따 얘기해."

"엄마!"

"왜?"

고개를 돌린다.

푸린양이 코피를 흘리고 있다.

"기차에서 내릴 때 엄마 뒤에 있다가 문 닫는 거에 부딪쳤어."

트램은 도로 위를 달리는 작은 기차다. 암스테르담 트램은 앞문으로 타서 뒷문으로 내리는데, 내리는 문에는 티켓을 갖다 대야 열리는 작은 날개문이 하나 더 있다. 앞사람이 내리고 나면 자동으로 닫히는 이 날개문이 어른 허리쯤 되는 높이에 설치되어 있으니, 딱 푸린양 얼굴 높이다. 엄마 뒤에 바짝 붙어서 내리려는데, 닫히는 날개문이 푸린양 코를 향해 정통으로 날아든 것이다. 날개문을 잡고 있었더라면 닫히지 않았을 텐데, 뭐가 그리 급했나 하는 자책감이 밀려온다.

콧피가 하염없이 흐른다. 아프기도 하고 서럽기도 한 푸린양 눈물도 하염없이 흐른다. 주머니를 뒤져 보아도 마른 휴지 한 장 없다. 가방을 뒤져 간신히 물티슈를 찾아냈다. 입 주변과 손에 묻은 콧피를 닦아내고, 물티슈를 작게 잘라 코를 막아준다. 아이를 품에 안고 등을 토닥인다.

"괜찮아, 괜찮아" 하면서도 내 마음은 얘기한다. '미안해.'

외투 앞섶까지 흘러내리던 콧피가 겨우 멎었다. 하얀 물티슈로 한쪽 코를 틀어막고 이제 숙소까지 걸어야 한다. 아직 훌쩍이는 푸린양을 안아주고 싶은데, 긴 하루를 의젓하게 참아준 꼬맹이를 업어주고 싶은데, 그럴 수가 없다. 무거운 배낭을 짊어지고 제 몫의 트렁크를 끌고 있는 초딩군에게 내 트렁크까지 맡길 수는 없지 않은가.

"조금만 걷자. 이제 다 왔어."

'띵동.'

"누구시죠?"

"한국에서 온 미씨즈 김이에요."

"오, 늦었군요. 기다렸어요."

작은 방, 열린 테라스 너머로 암스테르담 강이 조용히 흐르고 있다. 깨끗한 침대에 눕자마자 푸린양은 이내 잠들었다.

"우리 꼬맹이, 우리 초딩. 오늘 수고했다."

잠든 푸린양의 머리칼을 쓸어주며 중얼거린다.

잠든 줄 알았던 초딩군이 뒤척인다.

"오늘 제일 수고한 사람은 엄마야."

주책맞게 눈물이 흐른다.

PART 3

뾰족지붕
마을,
네덜란드

episodes 21

커피향 은은한
보금자리

창 너머로 물안개에 잠긴 암스테르담 강이 보인다. 대단한 하루를 보
낸 우리를 토닥여주는 듯, 차분하게 우리를 환영한다. 창을 열고 테라
스에 선다. 촉촉이 습기품은 네덜란드의 아침 공기가 상쾌하다.

간신히 맞이한 네덜란드의 첫 날이다.

"엄마, 카메라가 안 되는데?"

맞다! 어제, 그 길고 긴 하루 중 유로스타가 프랑스 릴역에 멈춰섰을
때부터 카메라가 이상했다. 전원을 켜면 '우웅' 하면서 렌즈가 앞으로
쑥 빠져나와야 하는데, '우웅 우웅 우웅'만 반복하다가 멈춰버리는 것
이다. 밤새 충전을 하면 기력을 회복하려나 기대했는데 결국 고장나버
렸다. 급한 마음에 유럽여행자들의 카페에 SOS를 친다.

'여기는 암스테르담인데요. 망했어요. ㅜㅜ 카메라가 고장 났어요.
수리할 만한 소니대리점 위치 좀 알려주세요.'

자신만의 작품세계를 담겠다며 챙겨온 99,000원짜리 디카로 초딩군

이 암스테르담 강의 운무를 찍는다.

"엄마, 사진이 참 똥이야!"

영국에 이어 두 번째 여행지인 네덜란드에서 우리가 묵을 숙소는 B&B다. 침대 Bed와 아침식사Breakfast를 제공하는 유럽식 숙소인데 우리 숙소는 재미있게도 B&C다. 아침식사 대신 커피가 제공된다. 홈피에 '커피 무한 제공'이라는 문구가 굵게 표시된 걸 보면 뭔가 기대해도 좋으려나?

큼! 큼! 커피냄새다.

방문을 열고 좁은 복도를 미끄러지듯 걷는다. 진한 커피향으로 사람을 홀린 곳은 숙소의 주방. K가 커피를 내리고 있다.

"안 불러도 올 줄 알았어. 어젯밤에 잠이 안 와서 이 커피를 한잔 내려서 마셨거든. 근데 너무 맛있는 거야. 아직 세수도 안 했는데 일단 커피부터 한잔 할라구."

작은 커피머신의 뚜껑을 열고 둥근 홈에 동그란 커피주머니를 끼워 넣는다. 뚜껑을 닫고, 스위치를 누르니 '쉬익' 하는 소리가 들려온다. 이내 향긋한 커피향이 올라온다. 동그란 커피 주머니는 파드Pod라고 부르는데, 펄프로 만들어진 주머니에 분쇄된 커피 원두가 담겨 있다. 우리가 집에서 많이들 마시는 캡슐커피 대신 유럽에서는 이 파드커피가 유행이란다. 부드러운 맛과 풍부한 향이 핸드드립 커피와 비슷하다나. 나는 커피를 꽤 좋아하지만 커피 취향은 촌스럽기 그지없다. 커피를 좋아한다고 말할 정도라면, 적어도 갓 수확한 커피콩이 원두가 되는 과정 정도는 가볍게 읊을 수 있어야 하고, 원두 볶는 냄새가 스치기만 해도 콜롬비아 수프레모인지 하와이안 코나인지 척척 맞춰줘야 할 텐데, 그도 아니라면 최소한 '난 원두만 마셔' 정도의 도도함은 있어줘야 할 텐데…. 멀리서 온 커피콩한테는 참 미안하지만 내가 제일 좋아하는 커피는, 깊은 밤 남편과 음식물 쓰레기 버리러 나갔다가 나눠 마시는 편의점 가루커피와 갑작스런 독서로 띵해진 머리를 맑게 해주는 도서관 자판기 커피 그리고 출근해서 맨 처음 마시는 달달한 노랑봉지 커피다. 그러니 캡슐이니 파드니 하는 건 시골다방에서 아메리카노와 카페라떼를 주문하는 것과 같은 일이다. 다방언니에게는 그저 커피 두 잔일 뿐이니까.

연갈색 커피 거품이 살짝 덮인 커피가 잔에 가득 차오른다. 풍부한 향과 부드러운 맛이 어떤 것인지 알 수 없으나, 물안개 낀 강을 내려다보며 마시기에 딱 좋은 맛이다.

원래 B&B는 가정집의 방 한두 개를 손님용으로 내어주는 데서 시작되었는데 숙박업소로 자리를 잡으면서 우리 숙소처럼 건물 전체를 숙소로 사용하는 곳이 많아졌다. 4층 건물인 우리 숙소는 전형적인 네덜란드 건물답게 좁고 깊다. 좁은 복도를 따라 건물 안쪽으로 여러 개의 방이 있다. 2층에는 강이 내려다보이는 우리 방, 주인할아버지가 사무실로 쓰는 작은 방, 변기와 세면대만 갖춰진 화장실, 욕조랑 세탁기가

놓인 욕실, 커피머신과 주방용품이 구비된 주방과 게스트룸 두 개가 좁은 복도를 가운데 두고 양쪽에 늘어서 있다. K네가 묵고 있는 3층의 구조도 다를 게 없다. 숙소 주인은 키 크고 마르고 영어가 몹시 빠른 60대 할아버지다. 네덜란드는 국민들의 평균 신장이 세계에서 가장 크고, 모국어가 영어가 아닌 국가 중 영어를 제일 잘하는 나라라더니, 할아버지가 통계의 진실을 몸소 보여주신다.

태국에서 사업을 한 적이 있다는 할아버지는 방마다 동양란 화분과 삼성텔레비전을 놓아두었다. 숙소 곳곳에서 보이는 아시아에 대한 애정보다도 놀라운 것은 숙소의 깔끔함이다. 방에 놓인 가구들이 마치 붙박이인 양 열 맞춰 자리잡고 있고, 탁자는 물론 액자 위조차도 먼지 한 톨 없다. 주방은 마치 모델하우스처럼 통마늘과 달걀이 철제바구니에 예쁘게 담겨 있고, 변기에는 동그란 소독약 네 개가 줄줄이 엮여 매달려 있다. 변기에 앉을 때마다 벗은 엉덩이마저 소독되는 느낌이다. 무엇보다도, 수시로 커피를 내려 마시는 손님들 덕분에 숙소 전체에 밴 은은한 커피향이, 단연 최고다!

후한 커피 인심에 기분이 좋아진 나머지, 늦게까지 심야수다를 떨고 말았다. 마지막 커피를 한잔 만들려고 주방으로 가다가 복도 끝 방에서 나오는 백인 아줌마랑 딱 마주쳤다. 머리를 타월로 둘둘 감싼 채 샤워가운을 걸친 여인은 프랑스 여배우 브리짓 바르도와 닮았다. 까칠한 그녀가 팔짱을 끼며 얼굴을 몹시 일그러뜨린다.

"저기요! 왔다갔다 하는 소리에 잠을 잘 수가 없잖아요!"

커피 대신 영어로 욕만 먹었다.

아찔하게 높고 긴 계단과 까칠한 바르도 여사만 뺀다면 더없이 좋았겠지만 아침저녁으로 맛있는 커피를 마실 수 있으니 다 용서한다. 살금살금 걸어가 기어이 커피 한잔을 만들어온다. 아직 한 번도 펴보지 못한 소설책을 꺼내와 폭신한 침대로 쏙 들어간다. 따뜻한 네덜란드 커피를 한 모금 넘기며 조선의 애잔한 사랑이야기 속으로 빠져든다. 차가운 가을바람이 창을 흔든다. 뒤척이는 아이들의 이불을 덮어주고 페이지를 넘긴다. 이 밤이 길었으면 좋겠다.

카페 게시판에 답글이 달렸다. 고장난 카메라를 고칠 수 있으려나?
'그냥 새로 사세요.'

향기와 냄새 사이

"우와, 꽃 나라다!"

꽃시장 입구에 들어서자마자 푸린양이 환호성을 지른다. 운하를 따라 길게 이어진 꽃시장에 생기 넘치는 꽃과 에너지 넘치는 여행자들이 넘실댄다. 단정하고 우아한 자태로 귀족들을 사로잡아 '튤립공황'이라는 경제위기까지 초래했던 색색의 튤립들이 여행자들의 발길을 붙잡는다.

"이게 튤립꽃이구나! 되게 예쁘다 정말 예쁘다!"

흔히 보던 단색 튤립에서부터 꽃잎이 겹겹이 쌓여 꽃송이가 두툼한 튤립, 캉캉치마처럼 꽃잎에 주름이 많은 화려한 튤립, 한 송이에 여러 색이 섞인 튤립까지, 온통 튤립 천지다. 과연 튤립의 나라답다. 빨갛고 노란 왕관을 쓴 날씬이 공주님 같은 튤립을 감상하느라 푸린양도 분주하다. 시장 특유의 활기와 향긋한 꽃향기가 어우러져 저절로 기분이 좋아진다.

네덜란드 하면 누구든 풍차와 튤립을 떠올릴 만큼 튤립은 네덜란드의 대표 이미지다. 하지만 알고 보면 튤립의 원산지는 터키다. 처음 유럽에 터키의 튤립이 전해졌을 때, 이색적인 모양의 튤립은 귀족과 대상인들의 큰 관심을 모았다. 순식간에 귀족의 상징이 된 튤립을 가지려는 사람들이 늘어나면서 그 가격이 천정부지로 치솟았다. 황소 천 마리를 판 가격으로 튤립 구근 40개를 살 수 있는 지경에까지 이르렀다. 이 와중에 어처구니없는 일이 일어났다. 어떤 사람이 튤립 구근을 양파로 착각하고 요리를 해버린 것이다. 황소 스물다섯 마리를 해치운 셈이다. 이 사람은 멀리 항해를 나가 있어서 튤립광풍을 전혀 알지 못했던 선원이었다. 하지만 재판에서는 튤립은 튤립일 뿐이므로 양파값만 물어주라는 판결이 나왔다. 이후 버블이 꺼지고 튤립 가격이 폭락하면서 파산자가 속출했는데, 이 사태를 튤립공황이라 부른다. 나무는 고요하고자 하나 바람이 내버려두지 않는다고 했던가. 튤립은 우아하고자 하나 사람들 욕심에 얼룩진 시절이었다.

시장 구경은 현지의 일상을 들여다보는 즐거운 일이다. 4유로짜리 꽃다발을 사들고 돌아가는 아가씨를 바라보는 것도, 자전거를 끌고 와 열 개에 4천원 하는 튤립 구근을 담아가는 아줌마에게 길을 비켜주는 일도 나는 그저 재미있는데 아이들은 영 재미가 없나 보다. 특단의 조치가 필요하다.

옜다! 돈이다!

시장이 재미있으려면 돈 쓰는 재미를 알게 해줘야 한다! 예쁘고 신기하고 사고 싶은 거 천지인데 그저 구경만 하라니, 재미가 있을 턱이 없다. 새로운 도시에 들를 때마다 냉장고 자석과 엽서 몇 장을 모으고 있는데, 가장 사소하고 흔했던 것들이 그곳을 떠나는 순간 귀해지는 특별함이 있다. 오늘은 아이들에게 그 임무를 맡겨보기로 한다. 네덜란드의 온갖 풍경을 담고 있는 냉장고 자석 앞에서 푸린양이 행복한 고민에 빠져 있다. 손등으로 콧물을 훔치면서 눈을 또록또록 굴리고 있다. 초딩군은 가게 안쪽에서 나막신 체험중이다. 풍차문양이 발등에 그려진 하얀 나막신을 신어보고 있다. 참으로 오랜만에 보는 적극적인 초딩군의 모습이다.

햇님이 구름 뒤로 숨어버린 암스테르담은 한낮인데도 쌀쌀하다. 푸린양은 여전히 콧물을 닦아내고 있다. 외투 지퍼를 단단히 올려주고 담Dam 광장에서 산 분홍모자를 푹 눌러 씌운다. 기념품 가게를 먼저 나간 K네가 들어간 치즈 가게로 간다. 두툼하고 동그란 치즈 덩어리들이 가게 선반을 채우고 있다. 치즈 덩어리 앞에는 작게 잘린 치즈 조각들이 놓여 있다. 시식용이다. 마치 치즈평가단이라도 된 양, 사람들은 진지한 얼굴로 치즈 조각들을 오물거린다. 고개를 갸웃하거나 끄덕이며 순례지를 돌 듯 치즈가 놓인 선반을 천천히 돌고 있다.

"여기 치즈 괜찮다! 한번 먹어봐."

K와 K네 아이들 모두 흡족한 얼굴로 치즈를 오물거리고 있다. 눈앞 선반에 놓인 초록색 치즈가 맛있어 보인다. 시금치 치즈라니 몸에도 더욱 좋을 것 같다.

흡! 집에서 먹던 치즈맛이 아니다!

푸린양이 하얀색 치즈를 고른다. 염소젖 치즈다.

"엄마! 웩이야!"

초딩군이 주저하다가 주황색 치즈 중 제일 작은 조각을 입에 넣는다. 당근치즈다.

"읍! 나도 웩이야!"

입에 담긴 치즈를 삼키지도 뱉지도 못하고 있다. 씁쓸하면서도 구리 구리한 냄새 때문에 녹다운된 우리는 결국 휴지에 살짝 뱉고 만다. 치즈야, 미안! 하지만 어디까지나 치즈를 즐기지 않는 우리 식구의 촌스러운 입맛일 뿐이다. 다양한 치즈를 곧잘 먹어본 K네는 가족 모두 여전히 시식 치즈들 앞에서 행복한 얼굴이다. 이번에는 우리가 먼저 치즈 가게를 나간다.

점심때 맛본 치즈의 여운이 저녁때가 다 될 때까지도 입 안에 남아 있다. 이 강도라면 콜라 한 병으로 해결될 냄새가 아니다. 오늘은 남은 김치를 몽땅 썰어 넣고 참치김치찌개를 끓여야겠다. 네덜란드 치즈를 상대하려면 대한민국 김치 정도는 되어줘야 한다. 숙소 앞 슈퍼마켓으로 들어간다. 주로 식재료를 취급하는 크지 않은 슈퍼마켓이다. 아는 생선통조림이라고는 참치, 꽁치, 고등어뿐인데 암스테르담 슈퍼의 수많은 생선통조림 앞에 서니 입이 쩍 벌어진다.

하나에 8천 원? 참치통조림의 대단한 가격에 한 번 더 입이 쩍 벌어진다. 오늘 메뉴를 참치찌개에서 부대찌개로 급히 바꾼다. 소시지랑 김치 넣어 끓이면 부대찌개지 뭐. 낙농업의 나라 네덜란드이니 소시지 맛이 또 일품 아니겠는가. 소시지 냉장고 앞에 서서 심사숙고한 끝에 우리가 먹던 제품과 가장 유사한 빛깔의 수제소시지 한 팩과 4천원짜리 두부 한 모를 산다. 숙소 냉장고에 넣어둔 마지막 김치와 네덜란드 수제소시지, 주방 바구니에 담긴 마늘을 작게 잘라 부대찌개를 끓인다. 햇반 몇 개 데우고 김 한 봉지 잘라 접시에 옮겨 담으니 그럴 듯한 저녁상이 차려졌다. 아이들이 숟가락을 핥으며 기다리고 있다.

홉!

소시지에서 치즈 맛이 난다! 찌개 냄비에 누가 백년 묵은 방귀를 뀐 것 같은 맛이다. 국물만 살짝 떠먹어 보지만 구석구석 소시지 향이 잘도 배어들었다. 대한민국 김치로도 어쩌지 못하는 강력한 네덜란드 소시지, 네가 챔피언이다!

네덜란드 향에 흠뻑 취한 하루다. 상큼한 튤립의 향기와 구리구리한 치즈 냄새 사이에서 아찔했던 하루다. 상큼한 꽃향기는 연기처럼 사라지고 괴로운 치즈 냄새만 고스란히 남았다. 숙소 구석 화분에 피어난 난꽃에 얼른 코를 묻는다.

아, 암스테르담을 향기로 기억하고 싶다!

우리들의
숙제

여행을 떠나오기 얼마 전, 퀴즈 프로그램을 시청하는 중이었다.

생일선물! 키티!

"안네의 일기네."

초딩군이 무심하게 중얼거린다. 텔레비전 속에서 문제 푸느라 집중하고 있는 고등학생 형들은 아직 세 번째 힌트를 기다리고 있다.

"왜 안네의 일기야?"

"안네가 생일선물로 일기장을 선물 받았고, 그 일기장의 이름을 키티라고 지었거든."

유대인!

TV에서 세 번째 힌트가 들려온다. 부저소리가 요란하게 울리더니 고등학생 형들이 '안네의 일기'를 외친다. 안네의 일기, 정답입니다!

그러고 보니 초딩군은 '안네의 일기'에 남다른 애착이 있었던 것 같다. 다른 책은 읽고 난 느낌을 물으면, 그냥 뭐, 하며 우물쭈물하기 일

쑤인데《안네의 일기》를 읽고 나서는 거침없었다.

"불안한 상황에서도 일기를 쓰면서 행복하려고 노력하는 안네가 대단한 것 같아!"

오늘 우리는, 열세 살 소녀 안네가 불안한 상황에서도 일기를 쓰며 행복을 느끼려 했던 그곳, '안네의 집Anne Frank Huis'에 간다.

처음 우리 여정에는 '안네의 집'이 없었다. 네덜란드는 들르지 않을 계획이었다. 영국에서 열흘을 보내고, 벨기에서 사나흘 머문 뒤 곧장 프랑스로 건너갈 예정이었다. 프랑스 남부 니스Nice로 날아가, 자동차를 렌트해서 아를Arles에 가려고 했다. 아를은 고흐가 그 유명한 '밤의 테라스'와 '별이 빛나는 밤에'를 그린 마을이다. 달빛 아래서 푸르게 빛난다는 아를의 론강을 꼭 보고 싶었다. 그러던 중 친구 K네가 여행에 합류하게 되었고 아를 대신 네덜란드로 여정이 바뀌었다. 론강을 포기하는 것은 아쉬웠지만 대신 '안네의 집'이라는 특별한 선물을 받았으니 괜찮다. 초딩군이 받은 감동 못지않게 나도 어릴 적에《안네의 일기》를 정말 인상 깊게 읽었으니까.

북국의 태양이 사그라들기 시작하는 오후 5시. 안네 프랑크 하우스에 도착했다. 건물 모퉁이를 돌아 입구까지 길게 늘어선 줄 끝에서 우리는 가냘픈 안네의 동상을 먼저 만난다. 여섯 살배기 푸린양보다 조금 더 큰 키에 깡마른, 어린 소녀.

"이 언니는 누구야?"

푸린양의 질문에 이번에도 초딩군이 찬찬히 설명한다. 나란히 서 있던 K네 아이들도 귀를 쫑긋하며 고개를 돌린다.

"안네 프랑크라는 언니야. 독일에서 태어난 유대인인데, 전쟁이 일어나면서 온가족이 여기 네덜란드로 피신왔어. 독일 군인들이 유대인을 모두 잡아서 수용소라는 곳으로 보내버렸거든. 이 집은 안네가 2년 동안 숨어 살았던 집이고 안타깝게도 안네 가족도 결국 독일군에게 잡혀갔어. 폴란드 아우슈비츠 수용소에 있다가 독일 베르겐 수용소로 옮겨졌고 거기에서 장티푸스에 걸려 죽었대. 안네가 여기 숨어 사는 동안 일기를 썼는데 나중에 살아남은 아빠가 그걸 사람들에게 공개한 거야. 그래서 많은 사람들이 알게 된 거지."

이번 여행중, 초딩군이 종종 감탄스럽다.

길었던 줄이 조금씩 줄고 고지가 눈앞에 보인다. 입장료를 내고 가방 검사를 받고 안네의 집으로 들어선다. 내부는 사진을 촬영할 수 없다니 온전히 눈으로 마음으로 집중할 수 있겠다.

안네의 자료를 모아둔 전시실을 지나 은신처로 올라가는 계단이 보인다. 당시엔 이 계단 입구를 책장으로 가려두었단다. 앞선 관람객의 뒤를 따라 계단을 타고 올라간다. 계단이 어찌나 좁고 가파른지 걸어올라가는 게 아니라 타고 올라가야 한다.

푸린양의 엉덩이를 잡아주며 겨우 올라선 안네의 은신처는 대낮인데도 동굴 속에 들어온 것처럼 어둡다. 당시 안네의 가족은 외부로 빛이 새어나가는 걸 막기 위해 낮에도 커튼을 내리고 모든 창문에 신문지를 붙여두었다고 한다. 그때와 똑같은 밝기로 조명을 맞춰둔 안네의 집은 어둡고 침침하다. 보이는 것도, 보이지 않는 것도 아닌 이런 밝기에서 지낸다면 누구든 온전한 정신을 지켜내기 힘들 것 같다. 안네의 집에 들어선 지 불과 몇 분 만에 기분이 가라앉는다. 주방으로 쓰인 공간을 지나 안네 자매가 지낸 좁은 방으로 들어선다. 모서리가 둥근 철제 침대 두 개가 놓여 있다. 제법 여러 명의 관람객이 방에 들어섰지만 아무도 입을 열지 못한다. 고개를 들어 천장을 바라보고, 신문지가 다닥다닥 붙은 유리창 틈으로 밖을 내다볼 뿐이다. 안네도 이 창틈 사이로 세상을 넘겨봤겠지. 거리를 걸어가는 초라한 행인들과 계절마다 조금씩 달라지는 밤나무 가지들을.

자매가 오리고 붙여둔 사진과 신문기사들이 벽면에 붙어 있다. 예쁘게 치장한 여자들의 사진도 눈에 띤다. 숨죽여 웃으며, 오리고 붙였을 안네 자매의 손길이 느껴진다. 잠시나마 밝은 미래를 꿈꿀 수 있는 행복한 시간이었겠지. 발소리 말소리마저 죽이고 지냈을 그들이 떠올라 나도 모르게 목소리를 낮추게 된다. 감성이라고는 찾아볼 수 없는 초딩군도 안네의 방에 들어서서는 마음이 애잔해진 듯하다. 갑자기 어둡고 조용한 곳에 들어선 푸린양은 엄마 손을 놓지 못한다. 간간히 아이들이 묻는 질문에 대답할 때도 속삭이게 된다. 안네의 집에 들어선 누구나 다 그렇다. 누구나 그래야 한다.

그런데 40대 중반으로 보이는 부부와 함께 온 초딩군 또래의 사내아이 하나기 계속 거슬린다. 부모에게 무언가를 계속 불만스럽게 이야기하고 있다. 어두침침한 열세 살 소녀의 방에 들어서서 모두들 마음이

짠해졌는데 아이는 목소리를 더욱 높이고 거칠게 발을 구른다. 삐걱대는 나무바닥을 걷어차는 아이의 발짓이 천둥소리가 되어 울린다. 다른 관람객들이 흘깃흘깃 눈짓을 하지만 전혀 아랑곳하지 않는다. 이쯤이면 부모가 나서서 통제를 해야 할 텐데 어찌된 일인지 아이의 부모는 한두 번 잔소리를 할 뿐이다. 나긋나긋한 불어로 던지는 한두 마디에 심통을 멈출 아이는 아닌 것 같은데 부모는 그것으로 끝이다. 아이는 여전히 부모를 향해 신경질을 내고 나무바닥에 발을 쿵쿵 구른다.

유럽의 부모들은 아주 이성적으로 교육을 시킨다고, 감정에 휘둘려서 아이에게 소리를 지르고 화를 내는 한국의 부모들과 다르다고, 그러니 우리는 그들의 교육법을 배워야 한다고 강변하는 수많은 책들을 보아왔다. 어디에서든 당당하고 자신감 넘치는 유럽 젊은이들의 성장배경에는 묵묵히 믿고 지지해주는 부모들의 쿨한 교육법이 있다고도 했다. 그래서 아무 때나 버럭 소리를 지르고, 진심으로 걱정하는 것이 아이의 미래인지 나의 자존심인지 의심스러운 나 같은 엄마에게서는 절대로 글로벌한 인재가 만들어질 수 없다고도 했다. 하지만 적어도 지금 여기, 암스테르담의 어두운 안네의 집 안에 글로벌한 인재를 키워낼 이성적인 유럽의 부모는 없다!

아래층 전시실에, 2,500만 부가 팔리고 65개 언어로 번역된 안네의 일기, '키티'가 유리장 아래 놓여 있다. 양쪽 페이지를 빼곡히 채운 가지런한 글씨에서 열세 살 소녀의 감수성과 섬세함이 고스란히 느껴진다. 저널리스트를 꿈꿨던 소녀의 진지함이 전해진다.

폐관시간이 다 된 안네의 집 주변은 한산하다. 그새 더 쌀쌀해졌다. 모자를 쓰고 패딩조끼를 입었는데도 푸린양이 추운가 보다. 손바닥보다 작은 주머니에 주먹을 모아 넣는다. 흐릿한 가로등 아래 서 있는 비쩍 마른 안네의 동상이 애처롭다. 동상 아래 누군가 꽃을 놓아두었다. 강바람에 여린 꽃잎이 흔들린다.

"엄마! 다음에는 폴란드 아우슈비츠Auschwitz에도 가보고 독일의 베르겐Bergen 수용소도 가보고 싶어."

초딩군에게 그래 그러자, 고 건성으로 대답했지만 안네의 집을 둘러보고 나오니 아우슈비츠엔 갈 수 없을 것 같다. 마음의 준비를 백 배쯤 해두면 다녀올 수 있으려나.

하지만 이내 마음을 고쳐먹는다.

"그래, 우리 다음 여행에는 아우슈비츠랑 베르겐에 꼭 가보자."

왠지 그래야 할 것 같다. 그것이 이 시대를 살아가는 우리들의 숙제인 것 같다.

털모자
실종 사건

　여행중 처음으로 카페에서 아침을 먹는 호사를 누린다. 무려 8유로짜
리 조식세트다. 우리돈 12,000원짜리 조식세트의 실상은 크루아상 두
개와 사과주스 한 병. 푸린양과 빵을 나눠먹고 초딩군이 마시다 남긴
주스 몇 모금으로 아침을 떼운다. 이런 아침이면 어김없이 떠오르는
말이 있다. 나는 아직 배고프다! 그러고 보니 여기는 히딩크의 나라 네
덜란드로구나.

　잔세스칸스Zaanse Schans로 가는 기차에는 우리뿐이다. 푸린양은 코를 박
고 이모에게 엽서를 쓰고 있다.

　'집은 좋은데 개단이 너무만아.'

　집은 좋은데 계단이 너무 많아, 라고 쓰는 모양이다.

　역무원 한 명 보이지 않는, 작은 잔세스칸스 역에 도착했다. 하늘은
푸르고 햇살은 따스하다. 거리는 한산하고 깨끗하다. 인터넷에서 본
적 있는 지도 자판기를 발견하고 아이들이 달려간다. 두 녀석이 있는

대로 힘을 모아 손잡이를 당겼더니 자판기에서 음료수 나오듯 지도 한 장이 뚝 떨어진다. 공짜라서 더 좋다.

"엄마, 사과나무다!"

사과나무 몇 그루가 길가에 심어져 있다. 푸린양 주먹만한 초록사과들이 주렁주렁 열려 있다. 사과를 따보겠다고 바둥거리는 푸린양을 안아 올려주니 짧은 팔을 힘껏 뻗어 사과 두 개를 따낸다. 초딩군은 나무 밑둥 주변에 떨어져 있는 사과 몇 개를 주워든다. 단물이 가득한 사과를 우적거리며 잔세스칸스를 향해 걷는다.

자판기에서 뽑은 공짜 지도와 이정표를 확인하며 20여 분을 걸으니, 시원스레 흐르는 잔강Zaan River이 보인다. 강 저편으로 풍차가 느리게 돌고 푸른 가지를 늘어뜨린 수양버들이 바람따라 이리저리 흔들리는, 뾰족지붕에 아담한 정원을 가진 작은 집들이 옹기종기 모여 있는, 그림같은 풍차마을 잔세스칸스가 보인다. 풍차마을은 우리로 치면 민속촌같은 곳이다. 네덜란드의 상징인 풍차와 나막신 그리고 치즈공장을 갖추고 있는데 우리 민속촌과 다른 게 있다면 사람이 실제로 사는 마을이라는 것이다. 어느 집 정원에서는 아이들 그네가 대롱거리고, 어느 집 정원에서는 싱싱한 채소가 자라고 있다. 개구리밥으로 뒤덮인 좁은 개울에는 하얀 오리들이 줄지어 떠다닌다.

동화《플랜더스의 개》의 파트라슈가 끌던 우유수레가 치즈 가게 앞에 놓여 있다. 네로가 나르던 은색 우유통도 수레 안에 담겨 있다. 고깔모자와, 치마에 에이프런이 붙은 전통의상을 입은 여인이 안내판에서 웃고 있다. 네로의 여자친구 아로아가 입던 옷이랑 똑같다. 만화 속 배경인 플랜더스는 실제 플랑드르Flandre라는 벨기에 북부지방이다. 네로가 신던 나막신, 아로아가 입던 옷이 이곳 네덜란드의 전통과 같은데 그 동네가 벨기에라고? 의아해 하는 내게 초딩군이 또 한수 가르쳐준다.

"플랑드르 지방은 지금은 벨기에지만 예전에는 네덜란드에 속했대. 벨기에는 모국어가 프랑스어인데 플랑드르 지방은 벨기에인데도 네덜란드어를 모국어로 사용하고 있어. 그러니까 파트라슈에 나오는 애들은 네덜란드 애들이라고도 할 수 있지."

밀가루 반죽 같은 둥근 치즈들이 가게에 가득하다. 입구에는 치즈 만드는 과정을 볼 수 있는 유리부스가 있다. 색깔도 다양한 치즈들이 예쁘게 진열되어 있고 시식용 치즈들이 잘게 잘려 놓여 있다. 꽃시장에서 맛본 강렬했던 치즈 맛이 섬광처럼 스쳐간다. 우리 식구 중 누구도 군침한 방울 흘리지 않고 가게 문을 나선다.

너른 들판 가운데 우뚝 선 풍차가 한눈에 들어온다. 하! 진짜 그림 같다. 들이대는 염소 떼와 나른한 고양이 몇 마리를 지나 나막신 가게에 도착한다.

중학교 때였던가, 한창 국제펜팔이 유행이던 시절이었다. 친구들과 어울려 국제펜팔을 하게 되었는데 내 펜팔 친구는 바로 이곳, 네덜란드에 사는 호세라는 소녀였다. 한영사전을 뒤적이며 영작을 하고, 색깔 볼펜으로 정성껏 꾸민 편지를 보내면 한 달 후쯤 답장이 왔다. 화장품 샘플만한 향수가 들어 있기도 하고, 신발 앞부리에 빨간 튤립이 그려진

앙증맞은 나막신이 들어 있기도 했다. 네덜란드에서 온 거라며 친구들에게 과하게 으스대다가 공분을 사기도 했었다. 1년 넘게 이어지던 펜팔이 어찌하여 끊기게 되었지만 나에게 네덜란드는 어릴 적 펜팔 친구 호세의 나라이기도 하다.

30년 전 뽁뽁이에 감겨 머나먼 한국까지 날아온 나막신들이 가게 벽면에 가득 붙어 있다. 네덜란드어로 '클롬펜Klompen'이라 부르는 나막신 만드는 과정을 때마침 보여주고 있다. 네덜란드 젊은이가 적당한 크기의 통나무를 칼로 쓱쓱 깎아 80년 되었다는 기계에 넣어 돌리니 멋진 나막신 한 켤레가 완성되어 나온다. 뚝딱 만들어지는 나막신에 감탄하는 것도 잠시, 가게 벽면을 도배한 듯 빼곡히 걸린 하양, 핑크, 보라색 나막신들에 우리 모녀는 홀딱 빠져든다. 이것저것 신어보고 여기저기서 사진을 찍느라 한바탕 수선을 떤다. 세 살짜리 조카 몫으로 나막신

모양 털실내화를 사들고서야 겨우 가게를 빠져 나온다. 마을 끄트머리에 있는 기념품 가게에서 마무리 아이쇼핑을 하던 중, 뭔가 허전하다!

푸린양 모자! 암스테르담 담 광장에서 산 분홍색 털모자가 없다.

분홍바탕에 'AMSTERDAM'이 하얀 실로 수놓아져 있고 토끼 꼬리 같은 동그란 방울이 꼭대기에 달려 있는 5유로짜리 모자.

"푸린아, 모자 어딨어?"

자잘한 기념품 앞에서 방실거리던 푸린양 얼굴이 순식간에 어두워진다.

"모르겠어."

"니 건데 왜 몰라? 잘 생각해봐!"

내 목소리가 높아질수록 푸린양의 얼굴은 굳어간다.

"그럼 일단 나와. 얼른 생각해봐!"

울먹이는 푸린양을 우악스럽게 잡아 끌고 나온다.

"어제 산 건데, 잘 간수해야지! 갖고 싶다고 해서 산 거잖아!"

푸린양이 결국 눈물을 뚝뚝 떨어뜨린다. 그때 기념품 가게 남자가 험상궂은 표정으로 우리를 불러 세운다. 만지작거리던 기념품을 푸린양이 들고 나온 것이다.

"놔두고 와야지! 가지고 나오면 어떡해!"

가게 남자에게 건성으로 사과를 하고 돌아선다. 왔던 길을 씩씩거리며 되짚어 가는 내 뒤를, 푸린양이 훌쩍이며 쫓아온다. 나막신 가게에도 없고 치즈 가게에도 없다. 가게 직원에게 보지 못했느냐 일일이 물었지만 모르겠단다. 수로 옆 길가도 찬찬히 살폈지만 모자는 흔적도 없다. 점점 화가 치민다.

"엄마, 카메라 좀 줘봐."

초딩군이 카메라 화면에 눈을 고정하고 풍차마을에서 찍은 사진을 한 장씩 돌려본다.

"여기! 치즈 가게까지는 갖고 있었네."

털모자를 손에 든 푸린양이 브이자를 그리며 화면 속에서 배시시 웃고 있다.

"그렇다면 치즈 가게 다음으로 갔던 곳들을 찾아보자."

초딩 3인방은 어느새 모자 찾기 수색대가 되었다. 언니 오빠들이 모자를 찾겠다고 나서자 훌쩍이던 푸린양도 눈물을 닦고 합세한다. 모자는 결국 나막신 가게에서 찾아냈다. 나막신을 신어본다고 수선을 피우던 사이, 바닥에 떨어뜨린 모양이다. 진열대 옆 기둥에 누군가 얌전히 걸어두었다. 모자를 찾아낸 초딩 수색대는 환호를 지르고 푸린양은 또 한바탕 눈물바람이다.

어째 나는 이 초딩들보다도 현명하지 못하더냐. 모자를 찾는 게 먼저인데 아이한테 화부터 내고 말았으니….

초딩 수색대는 기세가 등등하다. 내가 이 생각을 했잖아, 내가 거기로 가보자구 했잖아, 재잘거리며 공치사가 한창이다. 빙그레 웃으며 바람 부는 다리 위를 지나 기차역으로 돌아간다. 아름다운 풍차마을에서 일어난 한낮의 모지 실종 사건, 일명 잔세스칸스 털모자 실종 사건.

사건 해결이다!

네덜란드
엄친아

하루가 지나가는 아쉬움과 하루를 잘 보낸 대견함이 고루 섞인 평화로운 시간이다. 저녁을 먹고 나면 K네 방에서 커피를 마신다(우리 방에는 둘러앉을 테이블이 없다). 암스테르담 강이 내려다보이는 우리 방과 달리, K네 방에서는 이웃집 정원이 내려다보인다. 정원 꾸미기에 열심인 국민답게, 늦가을인데도 정원은 고운 색의 화초들이 가득하다. 예쁘게 정돈된 정원을 내다보며 두 엄마는 커피를 마시고 아이들은 제각각 시간을 보내고 있다.

"어? 저 집 보여?"

정원을 내려다보다 우연히 오른쪽으로 고개를 돌렸다. 커튼이 반쯤 내려진 네모반듯한 창가에 초딩군 또래의 소년이 앉아 있다. 스탠드를 밝힌 채 책상 앞에 앉아 책을 읽고 있다. 허리를 꼿꼿하게 세우고 두 팔을 쭉 뻗어 책을 잡고 있는 모습이 도덕교과서에 실린 바른 자세 모델 같다.

"저 애 말하는구나! 어제도 6시쯤부터 저렇게 앉아 있던데."

"얘들아. 이리 와봐! 저 친구 좀 볼래? 저렇게 공부를 열심히 하고 있다!"

'무한도전'을 다시보기로 보고 있던 초딩군이 무심한 듯 걸어온다.

"저 친구 좀 봐봐. 완전 바른 자세로 책 읽고 있지?"

"그러네. 근데 쟤는 뭐 저런 자세로 책을 읽냐? 엄마가 뒤에서 지키고 있나?"

눈을 가늘게 뜨고 건넛집을 들여다본다. 방안에 다른 사람의 모습은 보이지 않는다.

"엄마가 감시하기는? 스스로 하는 어린이구만!"

"잠깐 하는 거겠지."

초딩군의 예상은 빗나갔다. 커피를 한잔 더 마시고 초딩군이 '무한도전' 한 편을 다시보기로 다 보고 난 다음까지도 이웃집 소년은 그 자세로 책상에 앉아 있다.

다음 날 저녁 비슷한 시각, 우리는 창가에서 소년을 다시 볼 수 있었다. 소년의 오똑한 콧날과 날렵한 턱선이 엿보일 만큼 방안이 환했다.

"어머, 인물도 좋네!"

이번에는 초딩군 대신 K네 초딩양이 다가온다.

"어디? 나쁘지 않네."

인물마저 괜찮은 소년은 세 시간은 족히 책상 앞에 앉아 있었다. 우리가 수다를 끝내고 방으로 돌아갈 때쯤, 소년도 스탠드를 끄고 커튼을 내린다. 소년의 방이 금세 어두워진다.

사흘 동안 소년은 저녁 6시면 책상 앞에 앉았다. 허리를 꼿꼿하게 세운 채 책을 읽고, 몸을 구부려 뭔가를 열심히 적었다. 9시쯤, 어김없이 스탠드가 꺼지고 소년은 잠자리에 든다.

소년의 일상은 조금 놀라웠다. 서양아이들이 일찍 잠자리에 드는 건 새로울 게 없다 쳐도 매일 저녁 두세 시간씩 공부하는 모습은 예상 밖이었다. 숙제도 시험도 없는 나라 아닌가? 학교수업을 마치면 밖에서 뛰어놀다 베드타임 스토리를 들으며 하루를 마감하는 아이들 아니었나? 그래서 우리는 그런 아이들을 얼마나 부러워했는가? 그런 교육환경을 만들어주지 못해 또 얼마나 미안해했는가?

학원 스케줄이 거의 없는 초딩군의 일상도 소년과 다를 바 없다. 매일 저녁 두세 시간씩 책상 앞에서 시간을 보낸다. 네덜란드 소년처럼 한두 시간은 꼼짝하지 않고 제 할 일을 한다. 다만 네덜란드 소년과 다른 게 있다면 시간을 보내는 '방법'이다. 초딩군은 대부분의 시간 동안 영어독해 교재나 수학문제집을 풀고 한자를 외운다. 쓰고 외우며 공부를 한다. 그에 반해 네덜란드 소년은 저녁시간의 절반을 책을 읽는다. 네덜란드 아이들은 교과서를 집으로 가져갈 수 없다니 교과서일 리 없고, 등을 꼿꼿이 세우고 있는 걸로 보아 답을 적어야 하는 문제집도 아닌 것으로 보인다. 그리고 나머지 절반의 시간 동안은 고개 한번 들지 않고 열심히 무언가를 쓴다.

한 일본 여학생이 자신의 핀란드 유학생활을 담은 책에서 일본의 공부가 '암기'라면 핀란드의 공부는 '읽기'라고 정의했다. 읽고 쓰고 토론하기. 이 세 단계가 그들 공부의 전부라고 전했다. 책을 읽는 것이 시험공부이고, 에세이를 쓰는 것이 시험이었다. 익히 알려진 대로 핀란드는 우리나라, 홍콩 등과 함께 국제학력평가에서 1,2위를 다투는 학력 최상위국이다. 국제학력평가 상위권에 랭크된 나라의 교육성향이 극명하게 다르다는 생각이 문득 든다. '시험'과 '결과'를 중시하는 아시아권 나라와 '수업'과 '과정'을 중시하는 유럽권 나라가 사이좋게 상위권이다. '읽는' 아이들과 '외우는' 아이들의 성적이 같은 것이다. 국민의 정서와 사회 시스템이 다르기에 누구의 방법이 옳고 그르다고 재단할 수는 없다. 하지만 같은 결과를 낼 수 있는데도 우리가 더 괴로운 길을 가고 있는 건 분명하다. 가르치는 이도, 배우는 이도, 지켜보는 이도 모두 행복한 교육이었으면 좋겠다.

초딩군은 한국에 돌아가자마자 기말고사 준비를 해야 한다. 한 달 동안이나 수업을 빠졌으니 시험까지 열흘 동안, 한 달 분의 진도를 혼자서 공부하고 한 달 분 문제집을 풀어내야 한다. 그렇다고 적당히 점수를 받는 건 있을 수 없다. 적당한 점수를 용납하지 못하는 건, 초딩군이 아니라 이 엄마다. 환경 탓도 하고, 교육 시스템 탓도 해보지만 결국 아이를 힘들게 하는 건 엄마인가? 유럽 엄마들은 아이가 유급을 하더라도 공부 못한다는 야단은 지시 않는다는데, 결국 문제는 엄마인가? 잠시 상념에 잠긴다. 욕심을 덜어내자면 시간이 걸릴 테지만 그래도 노력해볼 만한 일이다. 엄마가 아이의 행복을 가로막을 수는 없지.

그건 그렇고 엄마가 공부 야단도 안 친다는데 옆집 아이는 도대체 무슨 공부를 그리 하는 걸까? 숙소 계단 앞에서 자전거 렌탈숍 안내문을 찾다가 숙소 할아버지와 마주쳤다.

"저기 궁금한 게 있는데요. 한국 아이들은 공부를 되게 많이 하거든요. 옆집 아이를 우연히 봤는데 책상에 오랫동안 앉아 있더라구요. 여기 아이들도 공부를 많이 하나요?"

"물론이에요. 네덜란드는 유급제도가 있어요. 친구들과 어울리지 못하거나 학교생활에 적응하지 못하면 유치원 아이들도 유급을 해야 해요. 초등학교 아이들도 성적이 낮거나 생활태도가 좋지 않으면 1년 더 다녀야 해요."

"성적이 낮으면 유급이라구요? 여기 아이들도 시험을 봐요?"

"그럼요. 퀴즈가 자주 있어요. 그리고 네덜란드에는 중학교 입학시험이 있어요. 성적에 따라 중학교를 갈 수 있어요. 네덜란드 아이들도 열심히 해야 해요."

팽팽 노는 줄 알았던 유럽 아이들이 중학교 입학시험을 치르고, 성적에 따라 인문계, 보통, 직업 중고등학교 순으로 입학한단다. 직업에 대한 인식이 다르고 성적에 대한 생각도 다르기 때문에 직업학교에 간 아이를 공부 못하는 낙오자라 낙인찍지도 않는단다. 공부도 하나의 소질이라 여기기 때문이란다. 하지만 중요한 건, 아이들은 유급이라는 녀석을 떼어내기 위해 생각보다 열심히 공부한다는 점이다. 대학 진학을 목표로 하는 아이들의 공부량은 우리 아이들 이상이라고 한다. 결국 읽고 외우는 공부법만 다를 뿐 성적과 유급, 진학이라는 비슷한 크기의 스트레스를 안고 사는 아이들인 것이다.

훗! 잠시 상념에 젖었던 엄마는 가라! 지금 내가 배워야 하는 건, 적당한 점수를 용납하는 아량이 아니라 혼내지 않고도 공부하게 만드는 유럽 엄마들의 비책이다!

PART 4

달콤한
초콜릿,
벨기에

또 다른 나

"내가 할 말은 여기까지예요!"

할 말을 마치자마자 프론트 직원은 가차없이 고개를 돌린다. 심상치 않은 분위기에 아이들이 긴장한다.

오늘 아침, 암스테르담에서 기차를 타고 브뤼셀에 무난히 도착했다. 예약해둔 호텔도 수월하게 찾아왔다. 찾아와 보니 역에서 아주 가까운 곳이었다. 별 세 개짜리 비즈니스급 호텔이라 시설에 대한 기대도 없었는데, 로비가 아담하면서 세련되었다. 마음에 들었다. 기차 시간에 대느라 새벽에 일어나서 피곤했던 우리는 기분이 좋아졌다. 미국 드라마 '프리즌 브레이크'에 등장하는 주인공 친구 '수크레'와 똑같이 생긴 직원이 프론트에 있었다. 기분이 더욱 좋아졌다. 그러나 거기까지!

"여기 예약 바우처에요."

"트윈룸 두 개를 예약하셨군요. 그런데 지금 일행이 여섯 명이네요. 방을 세 개 사용해야 할 것 같은데요."

"어른이 두 명이구요. 네 명은 아이들이에요. 어른 한 명과 아이들 두 명이 같이 사용할 거예요."

"그렇다면 두 번째 아이의 추가요금을 내야 해요."

유럽 호텔의 경우, 유아의 기준이 만 3세인 경우가 대부분이다. 만 3세가 넘으면 성인 한 명과 동일하게 간주되니 여섯 살 푸린양이나 K네 아홉 살 아이는 추가요금을 낼 수도 있다는 뜻이다. 하지만 엄격하게 적용되는 규정은 아니어서 호텔에 따라 다르다고 한다. 앞서 머문 영국과 네덜란드에서는 추가요금을 내지 않았다.

"아이들 나이가 어떻게 되죠?"

"11세, 11세, 7세, 4세요."

정리하기 수월하라고 나이순으로 불러주었는데, 그게 사단이었다.

"룸 한 곳은 1박당 25유로, 다른 룸은 1박당 20유로에요. 3일 숙박이니 각각 75유로와 60유로네요."

"추가요금이 왜 다르죠?"

"나이에 따라 달라요. 4세 아이는 20유로, 11세 아이는 25유로에요."

"7세 아이는요?"

"7세는 4세 아이랑 같아요. 20유로지요."

"아! 그렇군요. 다시 정리할게요. 엄마와 11세, 7세 아이가 한 방에 묵을 거구요. 다른 방에는 엄마와 11세, 4세 아이가 묵을 거예요. 엑스트라 멤버는 7세와 4세 아이인 거죠. 그러니 두 아이 모두 추가요금이 같죠?"

깔끔하게 정리한 나는 기분이 흡족했다. 그런데 직원의 얼굴빛이 달라졌다.

"아니 아니죠. 아까는 11세 아이가 엑스트라였잖아요. 그러니까 25유로를 내야 하죠."

나이순으로 묶으면 그렇게 오해할 수 있겠다. 이번에는 엄마와 아이 둘을 직접 짝지어가며 보여주었다. 직원은 불신이 가득 찬 눈초리로 나를 쏘아보았다. 마치 우리가 추가요금을 덜 내려고 수작을 부리는 것으로 생각하는 눈빛이다. 눈 한번 깜빡이지 않고 여전히 25유로를 내란다.

이번에는 하얀 종이에 졸라맨 세 명을 그렸다. 얘가 엄마고 얘는 11세 딸이고 얘가 7세 아들이다. 그러니까 7세 요금을 내는 게 맞지 않느냐고 짜증 섞인 목소리로 물었다.

"노우! 25유로 내세요!"

"왜죠? 지금 제가 설명했잖아요! 왜 25유로를 내야 하는지 도저히 이해가 안 되거든요!"

영어로 화 내보기는 처음이다. 외국인에게 화 내보기도 처음이다.

"됐어요! 그만! 내가 할 말은 여기까지예요!"

직원이 매몰차게 말을 끊는다.

현재 대치중.

"도대체 이 사람 왜 이러는 거야? 설명을 해도 듣지를 않고 무작정 돈만 더 내라는 거야?"

잠시 뒤로 물러난다. K와 의논을 하면서도 화가 치민다. 서성이던 여행객들이 소란스러운 우리 상황을 힐끔거린다. 아이들도 놀란 토끼눈을 하고 숨죽여 있다.

"별 수 있겠어? 다른 호텔로 갈 수도 없으니 더 내고 여기 묵자. 화는 나지만 방법이 없네."

후우, 방법이 없다.

프론트에 다가선다. 호텔에 들어섰을 때의 유쾌함 따위는 이미 사라졌으니 얼굴의 웃음기도 사라졌을 수밖에. 굳은 얼굴로 직원을 부른다.

"익스큐즈 미."

아무 말 없이 직원을 몇 초간 바라본다. 한숨 끝에 입을 떼려는 순간.

"오, 알겠어요."

직원의 말투가 달라졌다. 조금 상냥해진 것도 같다.

"너무 화내지 마세요. 알겠어요. 방 두 곳 모두 20유로씩으로 계산할게요."

나는 그저 바라봤을 뿐인데…. 무슨 말로 시작해야 할지 몰라 입을 다물고 있었을 뿐이고 분한 기운이 가시지 않아 숨 고르기를 했을 뿐이다. 영어도 어설픈 동양 아줌마가 화를 낸들 겁먹을 일도 아닐 텐데 몇 분 사이에 태도가 달라졌다. 몇 분 사이에 자기가 착각한 사실을 깨달았나? 아니면 누군가 깨닫게 해주었나? 어쨌거나 마음이 달라지기 전에 마무리하자.

"알겠어요. 각각 60유로씩 낼게요."

여전히 굳은 얼굴로 대답한다.

"그리고 한 가지 더 얘기할 게 있는데요. 마담이 너무 화가 난 것 같아서 방을 업그레이드했어요."

업그레이드? 솔깃하지만 담담한 척한다.

"스위트룸$^{suite\ room}$이구요. 여기 방 열쇠입니다."

웃음이 퍼지려는 얼굴에 힘을 꽉 주었다. 방을 업그레이드해 줄 만한 상황인데도, 직원은 끝까지 자기 실수였다는 말은 하지 않는다.

"엄마, 어떻게 된 거야?"

"잘 해결됐어. 그리고 스위트룸으로 방을 옮겨주겠대."

"스위트룸이 뭔데?"

"더 넓고 좋은 방."

"앗싸! 우리 방만 옮겨주는 거야?"

"두 방 모두 옮겨주겠지!"

예상은 틀렸다. 마담이 화가 난 것 같아서요, 하면서 직접 열쇠를 전해준 방만 스위트룸이다. 내가 유독 화를 내면서 따지긴 했지만 그건 내가 예약한 호텔이라는 책임감 때문이었다. K는 일이 잘 해결되길 바라는 마음에 살짝 물러나 있었을 뿐인데, 방이 이렇게 배정되고 보니 K의 아이들이 서운해 한다.

"엄마도 화 좀 내지 그랬어? 우리 방은 너무 좁잖아."

둘 다 업그레이드를 해 주든지 아니면 아예 말든지. 눈치 없는 직원 덕에 우리가 눈치 보게 생겼다.

소파세트가 놓인 공간이 하나 더 있는 것 말고는 특별히 고급스러울 것도 없다. 그렇지만 침대에 걸터앉지 않고 제대로 된 소파에 앉을 수 있다는 사실, 그것만으로도 우리에겐 충분히 고급스럽다. 스탠드 불빛이 아늑하게 비치는 동그란 탁자에 커피 한잔을 올려둔다. 푹신한 소파에 기대앉아 멀찍이서 리모컨으로 TV를 켠다. 호텔 직원이랑 영어로 말싸움까지 한 실력이면, 웬만한 영어방송쯤 문제없겠다는 자신감이 솟는다. 오늘밤은 호텔 커피 한잔 마시며 영어방송을 즐겨보리라! 고급스럽게.

그러나 TV 방송은 온통 불어로구나.

"엄마, 벨기에는 불어를 쓰는 나라잖아. 설마 몰랐어?"

설마 몰랐던 엄마가 이리저리 채널을 돌리는 사이 아이들은 잠들었다. 남의 나라에서 얼굴색도 다른 외국인이랑 화를 내며 맞서는 엄마의 모습을 보고 아이들은 당황했다. 나 역시 당황스러운 하루였다. 놀이기구도 싫고 택시아저씨랑 말싸움하는 것도 싫은, 순하고 착한 대한민국 아줌마인데 여행 보름 만에 가시 세운 고슴도치가 되었다. 새끼 품은 어미 동물처럼, 낯선 나라에서 아이들을 품고 다니자니 나날이 까칠한 투사가 되어간다.

혹자는 여행을 통해 '또 다른 나'를 찾는다고도 하는데, 그렇다면 나는 오늘 '또 다른 나'를 찾은 셈인가. 외국인에게 막 따지는 '또 다른 나!'

아무튼 '또 다른 나' 덕분에 스위트룸에서 자 보는 호사를 누린다.

종종 보자! '또 다른 나!'

K's diary

가위바위보의 저주

'아빠 어디가' 라는 프로그램에서 민국이를 보면 우리 아이들이 생각난다. 두 가족이 함께하는 여행에서 가장 예민한 신경전이 벌어지는 시간은, 숙소를 고를 때다. 두 개의 방 중에서 어떤 방을 선택하게 될지는 아이들의 가위바위보에 달렸다. 그런데 처음부터 심상치가 않다. 영국에서 첫 숙소를 고를 때부터 계속, 행운의 여신은 우리 편이 아니었다. 지켜보는 내가 더 허탈해졌다.

그러던 중, 베란다 밖으로 강이 보이는 암스테르담의 숙소를 딸아이가 아주 마음에 들어했다. 이번만큼은 꼭 이겨서 아침을 그 방에서 맞이하겠다는 의지가 대단했다. 하지만 이번에도 행운의 여신은 우리를 외면하고 말았다.

"창 밖으로 보이는 강은 없지만, 우리 방이 더 크고 좋은 방이야."

속해 하는 딸아이 옆에서 위로하며 달래보지만 내 마음에도 서운함이 남는다. 사실 나도 강 풍경에 발걸음이 쉬이 돌려지질 않는다.

프로그램의 마지막 여행에서마저 텐트에서 자야 했던 민국이와 아빠의 씁쓸한 표정이 남 모습 같지 않다. 어디에도 말 못하는 그 마음, 그 느낌 난 아니까~.

다음 목적지인 벨기에에서는 호텔측의 잘못으로 방 하나를 업그레이드시켜 주었다. 두 곳 다 해줄 것이지…. 다시 한번 결전의 순간을 맞이했다. 이번엔 이기겠지? 설마 그렇게 운이 없겠어? 하지만 설마는 결국 사람을 잡고 말았다. 업그레이드된 방을 친구네에게 넘겨주고 딸아이는 끝내 꺼이꺼이 서러운 울음을 터뜨리고 말았다. 매번 달래고 위로하는 것도 한두 번이다. 길어지는 울음에 결국 나는 폭발하고 말았다.

"가위바위보를 잘 하든지. 엄마보고 어쩌라구?"

괜히 매번 이기는 초딩군이 얄미워졌다. 속상한 마음에 야경이고 저녁이고 다 귀찮아 침대에 드러누워 버렸더니 아이들이 엄마 눈치를 살핀다. 그래도 아이들 마음이 어른보다 나은가 보다. 금세 웃으며 친구네 방으로 놀러가잖다. 방금 전까지 울고불고 속상했던 그 방에. 그럴 거면 울지나 말 것이지. 다음 여행에는 가위바위보의 저주를 막을 부적이라도 찾아 붙이고 가야겠다. 그런 게 있기는 한가?

쁘띠
쇼콜라띠에

벨기에는 스머프와 틴틴의 고향이다. 덴마크의 인어공주 상, 독일의 로렐라이 언덕과 함께 3대 실망명소라 불리는 오줌싸개 동상도 여기 벨기에에 있다. 바삭하면서도 부드러운 와플도 벨기에가 본고장이다. 알고 보니 경상도만한 작은 나라 벨기에에 유명한 것들이 제법 많다.

뭐니 뭐니 해도 벨기에를 대표하는 명품은 바로 초콜릿이다. 특히 안에 크림이나 견과류를 채우고 초콜릿을 씌운 프랄린 초콜릿^{Praline Chocolate}의 강국이다. 예전에는 독일 사람들이 벨기에 초콜릿을 하도 많이 사 가서 독일과 벨기에 간 열차를 '프랄린 익스프레스'라고 불렀다고 한다.

벨기에 여행 이틀째에 스머프와 틴틴을 보러 브뤼셀 만화박물관에 들를 예정이고 3일째 되는 날엔 오줌싸개 동상 앞에서 와플을 먹을까 한다. 그렇다면 첫날은 초콜릿 체험을 해볼까?

벨기에 관광청 사이트를 구석구석 뒤져서 초콜릿 메이킹 클래스를 찾아냈다.

오늘 우리가, 초콜릿의 나라 벨기에에서 할 특별한 체험은 바로 쇼콜라띠에 되어보기!

"일본 사람이에요?"

지하철 표를 끊으려는 우리에게 창구 직원이 묻는다.

"한국 사람인데요."

"옆 창구로 가세요."

"엄마, 왜 옆으로 가라고 해? 차별하는 거야?"

찜찜한 마음으로 옆 창구로 가니 넉넉한 몸집의 아저씨가 다시 묻는다.

"한국 사람이에요?"

고개를 끄덕이자 역무원 아저씨는 아무 말 없이 쟈켓 안주머니에서 사진 한 장을 꺼낸다. 어리둥절한 우리에게 아저씨가 들이민 것은 탤런트 손예진 사진이다.

"풋! 손예진 좋아하세요?"

"완전 좋아해요. 쩡지훈도 좋아해요. 한국도 좋아하구요. 여기 오는 한국 승객은 다 내 손님이지요. 쏜예진은 정말 예뻐요. 쩡지훈은 정말 멋있고."

손예진 사랑 아저씨에게 표를 끊어 지하철을 타러 가는 길, K가 묻는다.

"근데 쩡지훈이 누구야?"

"비. 월드스타 비라네."

"아, 비! 진정한 월드스타구만."

지하철을 한 번 갈아타고 목적지 역에 도착했을 때, 시각은 어느새 초콜릿 클래스 시작 10분 전이다. 아기 엄마, 대학생, 슈퍼 아줌마에게 묻고 또 물어 거우 도착했을 때, 수업은 이미 30분이나 지나버렸다.

"엄마, 우리 못 만드는 거야? 만들어보고 싶은데…"

숍 안에 진열된 예쁜 초콜릿을 둘러보더니 푸린양이 꼭 만들고 싶다며 조른다. 초콜릿 메이킹 클래스는 프랄린 초콜릿과 토핑 초콜릿을 만드는 순으로 진행되는데 수업이 절반이나 지나버린 지금, 우리가 참여할 수 있는 과정은 토핑 초콜릿 만들기뿐이다. 그마저 강사가 허가하지 않으면 들을 수 없단다. 푸린양을 들이밀며 사정하여 거우 클래스에 들어간다. 그래도 돈은 안 깎아준다!

인원은 단출하다. 열 살가량의 여자아이와 엄마, 대학생으로 보이는 커플 그리고 혼자 온 아가씨가 고개를 숙인 채 열심히 초콜릿 튜브를 짜고 있다. 조리대 위에 각자의 쟁반이 놓여 있고, 쟁반에는 심혈을 기울여 짜 놓은 초콜릿 페이스트가 동글동글 모여 있다. 젊은 여자 강사가 교실에 들어서는 우리를 보며 미간을 살짝 찡그린다. 지각생이 반가울 리 없지. 서둘러 검정 앞치마를 두르고 하얀 머리 모자를 쓴다.

강사는 초콜릿 페이스트가 든 짤주머니와 커다란 사각쟁반을 조리대 위에 내려 놓는다. 옆 테이블 여자아이처럼, 두 아이도 고개를 숙이고 열심히 초콜릿 주머니를 짜고 있다. 강사가 샘플로 짜 놓은 귀여운 동그라미 모양을 따라해보려고 애쓰지만 짤수록 푹 퍼진 덩어리가 되고 만다. 이번에는 조리대 위 토핑 접시에서 마음에 드는 토핑을 골라 초콜릿을 장식하란다. 벨기에의 여러 초콜릿 브랜드 중 향신초콜릿으로

유명한 브랜드답게 땅콩, 아몬드, 피스타치오, 생강, 고추까지 토핑만
스무 가지가 넘는다. 다들 자기 내키는 대로 토핑을 올리고 있다.

"엄마, 내꺼 봐봐. 예쁘지?"

푸린양이 까치발을 하고서 동그란 초콜릿 반죽 위에 토핑을 올리고
있다. 어떤 초콜릿은 얼굴 모양으로, 어떤 초콜릿은 하트 모양으로 꾸
미고 있다. 정성껏 꾸미는 푸린양에 반해 초딩군은 아무런 규칙도 생
각도 없어 보인다. 완성된 초콜릿 쟁반은 10분정도 냉각기에 들어갔다
가, 적당한 굳기로 딱딱해져서 우리에게 돌아왔다. 평평하게 퍼진 못난
이 초콜릿을 오물거리고 있는 우리에게 강사가 다가온다.

"오늘 원래는 두 가지를 만드는 과정인데, 한 가지밖에 만들지 못해
서 아쉽네요. 쁘띠 쇼콜라띠에, 재미있었니?"

"푸린아, 재미있었냐고 물어보시는데?"

"예스."

쿠키 봉투 세 개가 초콜릿으로 가득 찼다. 강사는 우리가 미처 만들지
못한, '페레로 로쉐' 모양의 프랄린 초콜릿도 한 봉지 담아준다.

오늘 초콜릿을 만든 곳은, 초콜릿을 만드는 공장이면서 판매하는 가
게이기도 하다. 우리처럼 수업에 참여할 수도 있고, 유리문 너머로 참
관만 할 수도 있다. 우리가 초콜릿을 만드는 동안에도 초등학교 아이
들과 선생님이 진지하게 구경하고 있었다. 숍에는 다양한 초콜릿들이
세련된 박스에 담겨 진열되어 있다. 시식용 초콜릿 조각들을 한 움큼
집어들고 가게를 나온다.

벨기에 초콜릿은 단맛이 강하고 부드러운 질감이 일품이라는데 과연 괜히 유명한 게 아니다. 달면서도 뒷맛이 깔끔해 입안이 개운하다. 오도독거리는 토핑을 씹는 재미도 남다르고 어쩌다 고추 초콜릿이라도 먹게 되면 훅 퍼지는 매콤한 향에 콧속이 아릿해진다. 달달한 침까지 흘리며 맛있게 먹는 푸린양과 달리 초딩군은 시큰둥하다.

"엄마, 내가 원래 초콜릿을 안 좋아하기도 하지만, 여기까지 와서 굳이 해볼 만한 체험은 아닌 것 같아. 한국에서도 이런 체험은 얼마든지 할 수 있잖아."

"그렇지. 하지만 초콜릿은 벨기에의 특산품이고, 그걸 현지에서 만들어보는 건 좋은 경험 아닐까?"

"경험이 되긴 하지. 하지만 엄마 마음속에 벨기에니까, 우리보다 잘 사는 유럽이니까 괜히 해보고 싶고, 괜히 더 좋은 것 같다고 생각하는 건 아냐? 그러니까 사대주의같은 거!"

잠시 말문이 막힌다. 그런가? 오늘 한 건 고작해야 녹인 초콜릿 위에 토핑 얹은 것밖에 없는데 대단히 재밌는 걸 한 것처럼 과잉반응을 보인 걸까? 정말 여기가 멋있고 잘사는 유럽이니까, 그래서 그런 걸까?

"음, 잠시 생각해봤는데. 그건 아닌 것 같아. 만약 여기가 베트남이라면 쌀국수 만드는 체험을 했을 거야. 물론 쌀국수는 한국에서 먹을 수도 있고 만들 수도 있지만, 베트남에서 쌀국수를 직접 만들어보는 수업을 듣는 건 특별하지 않을까? 그리고 나서도 이마 쌀국수 체험 좋았다고 얘기했을 것 같은데. 그러니까 오늘 초콜릿을 만들고 정말 좋았다고 얘기하는 건 유럽이어서가 아니라 현지에서 직접 경험해서 좋았다는 의미야."

대답이 길어진다.

"엄마가 그렇게 생각한다면 뭐 그런 거고."

초딩군이 시큰둥하게 대꾸하고는 앞장 서 걷는다.

아이의 냉정한 뒷통수를 바라보며 걷고 있자니, '감동 강박증' 없이 여행하자 했던 다짐이 생각난다. 여행중에 만나는 모든 것이 아름답고 감동적이라는, 모든 경험이 좋았고 뭔가를 배웠다는 '감동 강박증'이 찾아온 건가.

"엄마, 초콜릿 진짜 맛있다. 또 만들고 싶어."

초콜릿 한 봉지를 깔끔하게 해치운 푸린양이 두 번째 초콜릿 봉지에 눈독을 들인다.

그래, 초딩! 오늘 진짜 좋았다니까. 좀 믿어주면 안 되겠니!

깊은 밤,
눈물터진 그녀

벨기에와 한국의 시차는 여덟 시간. 하루 일정을 시작하는 오전 9시, 한국은 오후 5시다. 하루 종일 헤매다 유령처럼 기운 빠져서 돌아오는 저녁 7시, 한국은 새벽 3시다. 아빠랑 화상통화를 하기에는 참 애매한 시각이다.

저녁 먹기 전, 호텔에 잠시 들렀다. 푸린양이 오늘은 꼭 아빠랑 화상통화를 하고 싶단다.

"오빠, 지금 대한민국은 몇 시야?"

"지금 5시니까 한국은 새벽 1시."

"아빠랑 컴퓨터로 하는 거 지금 할 수 있어?"

"문자 보낼게. 기다려봐."

곧바로 '오케이' 답장이 왔다. 인터넷 메신저를 열고 화상통화를 실행시킨다. 세 식구가 작은 모니터 앞에 모여 앉았다.

"아빠!"

보름 만에 보는 아빠는 좀 핼쑥해 보인다. 거실이 어두워서 그런가, 얼굴빛도 어두워 보인다.

"아빠! 밥은 먹었어?"

"응, 먹었지. 푸린이는?"

"먹었어. 여기는 오후야. 아빠는 밤이지? 혼자 있는데 안 무서워?"

"아빠는 어른이니까 안 무섭지! 오빠랑 엄마 말씀 잘 듣고 있지?"

"응. 근데 아빠…. 보고 싶어!"

푸린양이 울먹거린다.

"아빠랑 같이 오면 좋은데. 다음에는 꼭 같이 오자!"

기어이 울음을 터뜨리고 만다.

"푸린아! 다음에는 아빠랑 꼭 같이 가자. 그러니까 울지 말고 재밌게 놀다와."

아빠 눈동자도 점점 붉어진다. 눈시울이 붉어진 아이들 아빠를 보니 덩달아 눈앞이 부예진다. 내내 씩씩했고, 어려운 일도 척척 해결하는 천하무적 엄마였지만 사실은 나에게도 아이들 아빠가 필요했다. 멋진 풍경 앞에서, 맛난 음식 앞에서, 잠든 아이 앞에서 어김없이 남편이 그리웠다. 무엇보다 내가 나서지 않아도 무슨 일이든 해결해줄 든든한 울타리가 필요했다.

"초딩! 잘 있지? 아가랑 엄마 잘 지켜줘야 해!"

"응, 아빠도 건강하게 지내."

인터넷 연결이 중간중간 끊기고 덩달아 화면도 몇 초씩 멈춘다.

"밥 잘 먹고 건강해!"

똑같은 당부를 몇 번씩 주고받으며 짧은 통화를 마친다. 까만 모니터에서 아빠가 사라졌다. 영영 사라진 것도 아닌데 푸린양은 아쉬운 듯 모니터를 바라본다.

"우리가 없어서 아빠가 심심하겠다!"

여느 아빠가 다 그렇듯이, 아이들 아빠도 아이들을 위해 많은 것을 양보하는 편이다. 양보라기 보다는 희생이라는 단어가 더 적절하겠다. 긴 여행을 승낙해준 것만으로도 고마운 일인데 필요하다면 기러기 아빠도 감수하겠다는 사람이다. 아이 아빠 역시 '기러기 아빠'라는 특이한 사회현상에 거부감 있는 보통 아빠인데도 불구하고 꼭 필요하다고 판단되면 희생할 용의가 있단다. 누구는 등 떠밀어도 못 간다지만, 여차하면 저지르고 보는 마누라에게는 좀 위험한 발언이다. 때문에 내 마음 한 켠에는 상황만 된다면 기러기 가족도 불사하겠다는 결연한 의지가 잠들어 있다. 기러기 생활 한두 해쯤은 거뜬할 것 같았다.

그런데 고작 보름 만이다. 아이 아빠는 핼쑥하다 못해 초췌해졌다. 보나마나 전기밥솥의 밥은 누렇게 말라붙었을 것이며 무수한 라면봉지들이 식탁 위를 점령하고 있겠지. 아빠를 보자마자 눈물바람인 푸린양, 횡한 거실에 남겨진 아빠가 쓸쓸해 보인다는 초딩군, 아이들 목소리에 금세 눈이 벌게지는 남편. 이렇게 1,2년은 못할 짓이겠다.

늦은 밤, 푸린양은 잠들었고 초딩군도 부스럭거리며 잠잘 채비중이다. 우리가 오줌싸개 동상 앞에서 여지없이 실망하고, 보드라운 생크림에 감격스러워하며 와플을 먹었던 낮 시간 동안, 호텔방에 남겨진 넷북은 제 임무를 성실히 수행해놓았다. 불어로 떠들어대는 TV를 끄고 커피를 한잔 타온다. 침대 옆 조명만 남기고 불을 끈다. 폭신한 베개 두 개를 포개어 등받이를 만든다. 준비 완료!

넷북을 다리 위에 얹고 숨죽여 화면을 들여다본다. 시작한다!

어머! 알았구나. 알츠하이머인 걸 알았구나!

느러터진 인터넷 덕에 한 시간짜리 드라마 한 편 다운받는데 무려 여덟 시간이 걸렸다. 그래서 그런가? 드라마 '천일의 약속'의 한 장면 한 장면이 애틋하다. 여자가 치매에 걸린 사실을 결혼을 앞둔 옛 연인이 알아버렸다. 여자는 자신의 처지가 비참하다. 구질구질한 인생이 싫다. 세상이 다 알아도 그만은 모르기를 바랐는데….

여자는 사촌오빠에게 절규한다.

"나 좀 데리고 가 줘. 제발."

주인공이라도 된 양 내 가슴이 찢어진다. 눈물이 줄줄 흘러내린다. 여주인공에게 감정이입되는 속도가 해가 갈수록 빨라진다. 코를 한번 팽 풀고 커피 한 모금을 넘긴다. 눈물 콧물 범벅인 커피가 짭짤하다.

이렇게 멀리까지 날아와서 하는 일이 고작 드라마 보는 일이라니. 드라마보다 몇 배나 흥미진진한 나날이지만 하루쯤은 오늘처럼 보내고 싶었다. 내일은 기차를 몇 시에 타야 하는지, 아침은 어떻게 해결할 건지, 몇 시에 돌아와서 짐을 싸야 하는지 신경쓰지 않고 멍하게 드라마에 빠져드는 그런 밤. 과부하에 시달리던 머릿속이 푹 쉴 수 있게.

콧물 젖은 티슈가 휴지통을 채울 때쯤 드라마가 끝났다.

다음날 아침, 눈을 뜨자마자 푸린양이 깜짝 놀란다.

"엄마, 눈이 왜 그래? 닌텐도 '동물의 숲'에서 벌에 쏘인 눈 같애."

거울을 들여다보니 정말 벌에 쏘인 것처럼 두 눈이 땡땡 부어 있다.

"어제 엄마 울었어. 드라…."

"아! 엄마도 아빠가 보고 싶어서 울었구나. 나는 맨날 보고 싶어서 지금도 울고 싶은데."

"으응."

넷북을 만지작거리던 초딩군이 예사롭지 않은 눈초리로 쳐다본다.

새로운 세상을 만나는 스트레스가 만만치 않다. 날마다 소개팅하는 것처럼 기대와 부담이 동시에 밀어닥친다. 어제처럼, 혼자 남겨진 아이들 아빠 생각에 마음까지 무거운 날이면 스트레스는 납덩이가 되어 하루를 짓누른다.

다행히도 깊은 밤 홀로 깨어 주룩주룩 눈물을 쏟고 나니 스트레스가 제로로 리셋되었다. 아무튼 아줌마는 주기적으로 드라마를 봐줘야 한다!

오늘은 맑은 정신 즐거운 마음으로 세상 소개팅에 나설 수 있겠다.

비록 눈은 좀 흉하게 부었지만.

자전거 패밀리가
떴다

　자전거의 도시 암스테르담에서 우리는 결국 자전거를 타지 못했다. 하지만 생각해보면 오히려 잘된 일이다. 인도와 차도 사이에 걸쳐 있는, 폭이 1미터가 될까 한 좁은 자전거도로를 나는 듯 달리는 자전거 부대를 떠올리니 식은땀이 난다. 한 무리의 자전거 부대가 쌩! 하고 지나가면 옷자락이 휭! 하고 펄럭인다. 혼이 빠진 초보여행자가 잘못하여 자전거도로에 발끝이라도 들일라치면 '삐익' 하는 경적소리와 '빽' 하는 고함소리가 함께 귀청을 때린다. 암스테르담에서 자전거를 타지 못한 것은 무엇보다 정신적으로 다행인 일이다. 그런데도 여전히 남는 미련은 어쩌지?

　오늘, 당일치기로 여행할 브뤼헤^{Brugge}에서 그 미련을 털어내기로 한다. 이탈리아 베니스^{Venice}가 남국을 대표하는 물의 도시라면, 브뤼헤는 북국의 물의 도시. 도시 전체를 감싸는 수로와 50개가 넘는 다리로 연결된 아름다운 물의 도시. 그래서 브뤼헤는 '북국의 베니스' 라는 애

칭을 가지고 있다. 소매치기를 조심하라는 의미심장한 포스터를 발견하고, 다시 한번 가방을 여민다. 브뤼헤 역 여행자센터에서 시내 지도를 구하고, 자전거 렌탈숍 위치도 알아낸다. 새로운 도시 도착, 여행자센터 찾기, 정보 구하기, 탐험 시작! 이 정도는 이제 척척이다.

암스테르담 시내에서 종종 마주친, 아이를 수레에 태우는 카고형 자전거는 결국 이곳에서도 찾지 못했다. 카시트와 비슷하게 생긴 보조시트를 자전거 뒷좌석에 설치해 푸린양을 싣고 다녀야 한다. 두 초딩은 주니어 사이즈의 자전거를 한 대씩 차지했고, 아직 자전거를 타지 못하는 K네 초딩 아들은 엄마와 커플 자전거를 타기로 한다. 네덜란드 사람들 다리 길이에 맞춘 자전거에 올랐다가 황급히 안장을 낮춘다. 하마터면 꼬맹이까지 뒤에 태우고 자빠질 뻔했다. 안장 높이도 딱 맞으니 이제, 씽씽 달려보자!

브뤼헤 역을 벗어나자마자 넓은 공원이다. 산책하는 사람을 피해 천천히 달리던 아이들이 갑자기 멈춘다.

"우와, 재밌겠다!"

아이들이 넋 놓고 바라보는 곳에는 과연 아이들이 멈춰 설 만한 장면이 펼쳐져 있다. 멀리 떨어져 있는 두 나무가 로프로 연결되어 있고 그 로프를 타고 내려가며 아이들이 타잔놀이를 하고 있다. 키 큰 나무로 올라가는 사다리 앞으로 얼굴이 벌게진 아이들이 줄을 서 있다. 아이들 앞에는 호루라기를 목에 건 청년이 손잡이를 제대로 잡았는지, 안전하게 도착하는지 챙기고 있다. 줄타기에 금세 마음을 뺏긴 아이들이 떠날 줄을 모른다.

"타고 싶으면 가서 얘기해봐. 저 형한테 얘기하면 될 것 같은데."

하나 마나한 얘기를 또 한다. 초딩 둘이서 '니가 말해' 하며 미루다가 결국 안 타겠단다. 부글부글 끓어오르는 속을 꾹 누르고 청년에게 다가가 얘기했더니 흔쾌히 줄을 서란다. 안 타도 된다던 아이들이 빛의 속도로 달려가 나무 아래 선다. '위잉' 하며 로프 스치는 소리와 '와아' 하는 초딩군 고함소리가 공원에 울려 퍼진다.

"브뤼헤, 좋다!"

타잔놀이 한 번으로 브뤼헤가 대번에 좋아졌단다.

노란 은행잎이 깔린 도로를 지나, 노란 은행잎이 수북하게 쌓인 노천 레스토랑으로 들어간다. 햇살 좋은 노천 카페에 앉아 스카프 휘날리며 진한 에스프레소를 마시는 우아한 여인. 오늘 그 여인이 되어보는 건가?

"난 배고파 죽을 것 같아. 스파게티는 곱빼기 없나?"

"난 치킨! 닭고기!"

에스프레소 한 잔이면 콜라가 두 잔이다. 휘날릴 스카프도 없으니 '우아한 여인' 놀이는 스카프 두른 날 하는 걸로! 슈거파우더가 하얀 눈처럼 내려앉은 크레페를 자르며 그나마 위안 삼는다. 두꺼우면 더 위안이 될 텐데….

환전해간 유로화가 똑 떨어져서 여행자수표를 빨리 환전해야 하는데 도무지 이 도시에서는 자전거 속도를 높일 수가 없다. 와자한 수다 소리에 고개를 돌리면 브뤼헤를 감싸 흐르는 수로 위로 관광객을 실은 배

가 천천히 지나간다. 다리 위에 자전거를 세우고 관광객들에게 손을 흔들어준다. 고운 레이스 가게에 멈춰 서서 예쁜 레이스에 감탄도 해야 하고, 달콤한 초콜릿 가게 앞에서 꼴깍 침도 삼켜줘야 한다. 아이고, 더 늦기 전에 서둘러야겠다.

"엄마, 여기 완전 재미있겠다!"

다시 한번 아이들 입이 떡 벌어진다.

브뤼헤의 중심부이자 유럽에서도 예쁜 광장으로 이름 높은 마르크트 Markt Plaats 광장 가득 아이들이 뛰어놀고 있다. 초딩군이 아기 적에 잠시 다녔던 짐보리 놀이터가 청소년 버전으로 진화하면 이런 모습이지 않을까. 암벽 등반할 수 있는 등반대는 물론이고 축구, 테니스, 조정 연습용 로잉 기구까지 갖추어져 있다. 아이들은 여기저기서 자유롭게 스포츠를 즐기고 있다. 여행자수표를 환전하러 여행사에 들어가, 오늘이 무슨 날인데 운동 기구들이 저렇게 광장에 있느냐 물었더니, 직원이 시큰둥하게 대답한다.

"특별한 날 아닌데. 한 달에 한 번 있는 스포츠 데이일 뿐이야."

한 달에 한 번씩이나 이렇게 그럴싸하게 차려놓고 논다는 말이지. 타잔놀이를 하며 용기를 얻은 초딩군이 암벽등반에 도전하겠단다. 아무 생각 없이 줄을 서고 보니 난이도가 높은 코스다. 작은 디딤돌과 지그재그로 꺾인 암벽에 매달려 버둥거리는 초딩군을 안전요원이 온몸으로 당겨가며 기어이 성공하게 도와준다. 살이 부쩍 올라 투실해진 초딩군

몸무게가 상당했을 텐데, 끝까지 잡아주며 포기하지 않게 응원해준 청년이 정말 고맙다. 제대로 필받은 아이들이 광장을 활보하기 시작한다. 벨기에 아이들이 잔뜩 늘어선 컨테이너 차량 뒤에 섰다가 퇴짜를 맞고 돌아 나오면서도 주눅은커녕 어서 놀아야 한다는 투지에 불타오른다(컨테이너 차량은 실내 미로게임장인데, 소속 학교에서 허락받은 아이들만 들어갈 수 있단다).

초딩 언니 오빠들 사이를 기웃거리던 푸린양도 드디어 제 수준의 스포츠 기구를 찾아냈다. 조정경기 연습용 로잉Rowing 기구다. '무한도전' 광팬인 우리 가족에게는 아주 익숙하다. 푸린양이 주저없이 로잉 기구에 앉아 노젓기를 시작한다. 아이들을 도와주던 아저씨가 꼬맹이 실력에 놀란 듯하다. 눈이 동그래지더니 팔을 쭉 뻗으라며 동작을 가르쳐준다. 말도 안 통하는 푸린양이 신기하게도 아저씨가 가르쳐주는 동작대로 팔을 쭉 뻗어가며 더욱 힘차게 노젓기를 한다. 동영상을 찍고 있는 내게 아저씨가 함박 웃음을 지으며 다가온다.

"아이가 몇 살이에요?"

"다섯 살이에요."

"훗! 천재인걸요."

푸린양의 재능을 벨기에에서 찾은 건가?

유로 번지대를 발견한 아이들이, 유로 번지니까 유럽에서 꼭 타야 한다며 번지대로 달린다. 철수하려고 정리하던 아저씨가 아이들을 보며 빙긋 웃는다. 종탑 너머로 저녁 노을이 물들기 시작한다. 노을 속으로

아이들이 솟아오른다.

　잔잔히 흐르는 수로 옆으로 불쑥불쑥 나타나는 아치 모양 돌다리를 지나, 이제 브뤼헤 역으로 돌아간다. 도시 전체가 세계문화유산이라는 명성답게 중세의 분위기를 고스란히 간직하고 있다. 그 중 가장 중세의 느낌을 주는 건 울퉁불퉁한 돌바닥이다. 부드러운 아스팔트나 가지런한 보도블럭이 주는 편안함은 없지만 도시 전체를 고풍스럽게 만드는 일등공신이다. 관광객을 태운 마차가 따각거리는 말발굽 소리를 내며 지나가기라도 하면, 정말로 중세시대에 있는 듯한 착각이 든다.

　하지만 돌바닥은 고풍스러움을 택하면서 승차감은 완벽하게 포기했다. 자전거 탑승자의 엉덩이를 전혀 배려하지 않는다. 손바닥 만한 안장 위에서 온종일 진동에 시달린 엉덩이가 감각을 잃어갈 즈음, 겨우 자전거에서 벗어난다.

　"돌길? 예쁜 건 잠깐이야!!!"

　초딩군이 제 엉덩이를 조물락거리며 투덜거린다. 도착했을 때 봤던 '소매치기 주의' 포스터가 보인다. 카시트 만한 자전거 안장에 푸린양을 태우고, 털털거리는 돌길 위를 달리느라 소매치기 따위는 신경도 못 썼는데, 가방도 지갑도 무사하다. 그리고 우리도.

　무사하지 못한 건 엉덩이뿐이다.

쇼핑,
딜레마에 빠지다

'여행을 좋아하구요. 스트레스 해소법은 쇼핑이에요.'

인기 여배우의 짧은 자기소개글이 내 것 같다. 따지고 보면 여행 좋아
하지 않는 이가 몇이나 되겠나. 여행가들의 프로필을 보면 백이면 백,
떠남과 헤맴을 즐긴다고 기록되어 있다. 하지만 보통 사람들에게도 방
랑의 소망을 기록할 기회가 없을 뿐이지 누구나 일상을 벗어나 자유롭
게 떠도는 방랑을 꿈꾸지 않겠는가.

한 가지 더 짚고 가자면, 쇼핑 역시 전 인류의 스트레스 해소법이 아
닐까. 여자는 백화점에서, 남자는 자동차 판매점에서 가장 행복해진다
고 하지 않던가. 백화점에서는 30분도 안 돼 머리가 아파진다는 남편
도 전자상가에서는 세 시간도 거뜬하더라. '여행 좋아하고 스트레스
해소법이 쇼핑'이라는 자기소개에 격하게 동감하였으니 오늘은 정직
한 '자기'가 되기 위해 쇼핑으로 스트레스를 풀어야겠다.

짐을 꾸리면서 도시락 통을 앞에 두고 진지하게 고민했더랬다. 런더너처럼, 빠리지엔느처럼 공원에 앉아 도시락을 까먹어보기로 했으니 도시락 통이 꼭 필요했다. 고민 끝에 빨간 이층버스가 그려진 도시락을 런던에서 사기로 하고, 과감히 준비물 목록에서 삭제했다. 때문에 쇼핑센터며 문구점에서 도시락 코너를 빠뜨리지 않고 들르고 있는데 이게 골칫거리다. 예쁘다 싶으면 비싸다. 여긴 영국이니까, 하고 이해할 만도 한데 사람 마음이란 게 간사해서 다음 쇼핑몰에 가면 더 이쁜 아이를 만날 수 있을 것 같단 말이다. 더 싼 가격표를 달고 나를 기다릴 것 같단 말이다. 그리고 혼자만의 기대에 부풀어 다음 쇼핑몰에 도착해서는 언제나 같은 말을 중얼거려야 했다. "아까 거기서 살 걸!"

그러길 열흘. 결국 마음에 드는 도시락을 수없이 발견하고도 사지 못했다.

브뤼셀의 대표 명소인 그랑 플라스Grand Place 광장 주변을 슬슬 걷다 보니 기념품숍 하나가 눈에 들어온다. 커다란 초록 메뚜기 모형이 간판 위에 떡하니 달라붙어 있다. 꾸밈에 걸맞게 쇼핑센터 이름도 '메뚜기Grasshopper'다. 쇼윈도 안쪽에 꾸며진 깜찍한 스머프 마을에 넋이 빠진 우리는 일사분란하게 가게 안으로 걸어 들어간다.

초딩군은 스머프가 대롱거리는 핸드폰 고리 앞에서 입을 벌리고 있다. 가게 깊숙이 들어간 푸린양을 찾다가 한눈에 쏙 들어오는 무언가를 발견했다. 진하고 선명한 색감의 꽃들이 프린트된 화려한 에나멜 가방이다. 큼지막하고 튼튼한 것이 여행용으로 제법 쓸 만하겠다. 비

닐소재이니 방수도 되는 데다, 들어도 되고 어깨에 멜 수도 있는 전천후다. 터질 듯 부풀어오른 내 크로스백에 비하니 어쩜 이리 세련되었단 말이냐.

"초딩! 이 가방 어때?"

"꽃무늬? 대박 촌스러워!"

이럴 땐 매정한 아들 대신 보들보들한 딸이 최고다. 푸린양은 어디서 뭐하고 있나?

"푸린아!"

"엄마! 여기 있어."

몹시 밝은 얼굴로 가게 한구석에서 푸린양이 쑥 나온다. 등에 뭔가 넓적한 것이 얹혀 있다.

"이 가방 예쁘지?"

푸린양이 뒤로 홱 돌아선다. 초등학생이 메고 다니기에 딱 좋은 크기에, 귀여운 생쥐가 눈을 찡긋하고 있는 분홍색 가방이다. 구석에서 저걸 고르느라 바빴던 모양이다. 예쁘네, 하며 슬쩍 뒤집어본 가격표에는 45유로가 찍혀 있다. 우리 돈 8만원. 초등학교 입학용이라고 생각하면 그리 비싸지는 않지만, 가방을 살 예정이 없던 우리에게는 큰 금액이다. 어지간히 마음에 들었던지 푸린양이 좀처럼 가방을 내려놓지 않는다. 여자아이는 공주, 남자아이는 만화캐릭터 일색인 우리나라 초등학생 가방에 비하면 독특하고 개성 있어서 내 마음에도 든다.

'살까? 예상 밖의 지출인데? 그리고 지금 일곱 살도 아닌 여섯 살인데

1년이나 묵히면 헌 가방 되지 않을까?'

'그럼 사지 말까? 그래도 기념이 될 만한 아주 특별한 가방인데, 안 사면 나중에 후회하지 않을까?'

괴롭다. 살까 말까 고민이라면 사지 말고, 여행을 갈까 말까 고민이라면 떠나라, 는 문장이 떠오른다. 떠나라는 여행을 떠나와 이렇게 좋은 시간을 보내고 있으니, 이번에도 하라는 대로 해보자. 가방을 걸어두고 나온다. 가방 속 생쥐가 자꾸만 내 옷자락을 잡아끄는 것 같다. 결국 우리는 이층버스가 그려진 도시락도 사지 못했고, 생쥐 책가방도 사지 않았다. 도시락을 앞에 두고, 책가방을 등에 메고 고민만 하다가 돌아섰다.

하나, 지금 사자니 다음번에 더 좋은 게 있을 것 같다.

둘, 지나치고 나서 아까 그걸 샀어야 했다고 후회한다.

쇼핑의 딜레마에 빠진 게 분명하다!

아아! 쇼핑몰에서 나는, 햄릿만큼이나 괴로워진다.

여행에서 돌아와, 시간이 지나고 푸린양이 초등학교에 입학할 즈음 예상대로 마트에는 오로지 공주 가방뿐이다. 이미 브뤼셀의 생쥐 가방을 잊은 푸린양은 핑크 드레스를 입은 꽃분홍색 공주가방 앞에서 발걸음을 뗄 줄 모른다. 생쥐 가방을 잊지 못하는 나는 꽃분홍색 공주 가방 앞에서 한숨만 내쉬고 있다. "에휴, 그때 살걸!"

정정한다.

떠날까 말까 고민이라면 떠나고, 살까 말까 고민이라면 그것도 사라!

PART 5

블링블링
에펠탑,
프랑스

봉주르, 니스

'똑똑똑'

짐을 꾸리느라 분주한 아침에 누군가 문을 두드린다. K다.

"오늘은 비행기 타니까, 샴푸랑 린스를 큰 가방에 넣어야 하지?"

"수화물로 보낼 가방에 넣어야겠지!"

우리는 고개를 끄덕거리며 남은 짐을 꾸렸다. 시간이 지나도 좀처럼 줄어들지 않는 신비로운 짐 가방을 질질 끌고 공항에 도착했다.

작은 나라 벨기에라고, 공항도 딱 그만 한줄 알았는데 오산이다. 유럽 교통의 요충지인 브뤼셀 공항은 생각보다 크고 넓다. 비행기 시간에 여유있게 도착했는데도 구석에 자리 잡은 항공사 카운터를 찾아가 짐을 보내고 수속을 마치고 나니 시간이 빠듯하다.

기내에 가지고 탈 작은 캐리어가 검색대를 통과하고 있다.

"이 짐 누구 거죠?"

가까스로 채운 지퍼를 거침없이 연다. 가방을 뒤지던 공항직원이 비닐봉지 하나를 꺼내 든다.

"이건 가져갈 수 없어요!"

비닐봉지에는 목욕비누, 샴푸, 린스, 로션, 스킨 그리고 초딩군이 쓰던 주니어용 로션이 들어 있다. 아침에 K랑 고개를 끄덕이며 수화물 가방에 넣기로 한 바로 그 샴푸랑 린스다.

"액체류 반입 가능량이 초과됐어요. 가지고 탈 수 없습니다."

직원은 냉정하게 비닐봉지를 폐기용 바구니에 던져 넣는다.

'앞으로 어떻게 씻지? 뭘 바르지?'

걱정하는 내게 초딩군이 묻는다.

"엄마, 저거 비행기에 가지고 타면 안 되는 거 알잖아? 왜 그랬어? 비행기 처음 타는 사람처럼?"

그러게. 내가 왜 그랬을까.

샴푸와 린스가 몽땅 사라진 가방을 다시 엑스레이 검사대에 밀어 넣는다. 느리게 검사대를 통과하는 가방의 엑스레이 화면을 보며 직원들이 다시 수군거린다. 가방을 다시 한번 열어제낀 직원이 꺼내든 것은, 동그랗고 작은 스테인리스 통이다.

"이거 열어서 확인할게요."

"어? 그건 안 돼요!"

친정엄마가 아이들이랑 먹으라고 멸치볶음을 넣어 보내준 작은 김치통인데 멸치볶음을 다 먹고 빈 통에 배추김치를 담아 두었다. 이 쾌적한 공간에 푹 익은 배추김치 냄새라니. 웬만한 생화학 공격 못지 않으리라.

"거기엔 냄새가 심한 음식이 들어 있어요. 열면 곤란해요. 근데 그건 양도 적은데 가져가면 안 되나요?"

"물이 보이거든요. 비우고 씻어오면 통은 가져갈 수 있어요."

먼 길 떠난다고 엄마가 새로 사서 보내준, 아직도 광이 번쩍번쩍 나는 새 통이다. 씻어 오자니 비행기 시간이 걸린다. 항공권에 적힌 보딩시간은 이미 지났다.

"저희 보딩시간이 지났어요. 출발시간이 이제 10분밖에 안 남았는데 그냥 가져가면 안 될까요?"

"쏘리!"

세면용품 일체와 반짝거리는 김치통을 타국에 두고 돌아서는 발걸음이 무겁다. 어떡하냐며 걱정하는 아이들한테 그까짓 거 괜찮다고 했지만 아, 속이 쓰리다.

니스행 비행기는 우리가 오르자마자 문을 닫는다. 자리배정도 신청하지 않은 초저가 항공권이라 선착순 착석이다. 꼴찌로 비행기에 올랐으니 마음에 드는 좌석이 있을 리 없다. 한 자리씩 외톨이 좌석뿐이다. 비행기 꼬리 근처에 겨우 나란히 앉을 수 있는 자리를 잡았는데 복도 쪽 좌석에 앉으려는 초딩군을 승무원이 말린다. 비상시 다른 승객을 도와야 할 좌석이어서 성인만 앉을 수 있단다. 초딩군은 별 수 없이 외톨이 좌석에 혼자 앉는다. 뿌루퉁해서 툴툴거리는 소리가 들려온다.

또다시 새로운 도시다. 이번에는 낯선 곳이라는 부담 대신 꿈꾸던 곳에 간다는 기대가 훨씬 크다. 우리의 여행중 유일하게 해변이 있는 도시이기도 하다. 며칠 전까지만 해도 해수욕을 즐겼다니, 우리도 운 좋으면 물놀이를 할 수 있을지도 모른다. 도심을 떠돌며 쌓인 먼지를 탈탈 털어내고, 지중해 물기를 촉촉이 품고 가자꾸나. 미소가 절로 번진다. 행여 지중해가 보이려나 싶어 창으로 고개를 돌리려는 순간이다.

훅!

비행기가 아래로 뚝 떨어진다. 롤러코스터의 스릴 그대로다.

억!

승객들이 한목소리로 신음소리를 낸다. 비행기가 다시 한번 뚝 떨어지는 느낌이 들더니 이번에는 흔들린다. 비행기로 물수제비를 뜨는 듯 일정한 간격을 두고 퉁퉁 튄다. 이내 기내 방송이 들려온다. 기류 상태가 좋지 않아 비행기가 흔들리고 있다는 설명 끝에, 공항에 근접할 때까지 계속 흔들릴 거라는 불운한 소식을 전한다. 스릴도 괜찮고, 두려움도 견딜만 한데 문제는 이게 아니다. 비행기가 기우뚱할 때마다, 아래로 뚝 떨어질 때마다 멀미가 꾸역꾸역 올라오고 있다. 손바닥에 식은땀이 배어나고 얼굴이 서늘해진다. 승객의 멀미 따위에 개의치 않는 비행기는 꾸준하고 성실하게 요동친다. 옆 좌석에 앉은 푸린양은 다행히 잠들어 있고, 앞좌석에 앉은 초딩군은 상태가 양호해 보인다. 그래도 좌석 손잡이를 움켜쥔 손가락에 힘이 바짝 들어가 있다. 이대로 두 번만 더 흔들리면 끝장이다. 멀미 아닌 딴 생각을 하자!

통로 건너에 앉은 K는 더 심각해 보인다. 얼굴이 새하얗게 질려 있고 침을 꼴깍꼴깍 넘기고 있다. 괜찮냐고 물었지만 입술조차 제대로 떼지 못하고 고개만 설레설레 젓는다. 비행기가 또다시 훅 하고 떨어진다.

억!

승객들의 외마디 비명이 들려온다.

"승객여러분, 저희 비행기는 잠시 후 니스공항에 착륙하겠습니다."

살았다. 목구멍을 향해 진격하던 멀미부대의 기세도 한풀 꺾인다.

비행기는 사뿐하고 부드럽게 니스공항에 내려선다. 여기저기서 안도의 한숨을 내쉰다. 나와 K의 한숨소리가 제일 크다. 허옇던 얼굴에 슬며시 핏기가 돌고, 뒤집혔던 속이 천천히 제자리를 찾아간다. 두 엄마는 지옥에 다녀온 몰골인데 아이들은 멀쩡하다. 뿌루퉁했던 초딩군도 바다를 본다는 사실에 살짝 들떠 있다.

처음 만난 니스는 잔뜩 흐리다. 한가하기 그지없는 버스정류장에서 20분에 한 대씩 오는 버스를 타고 숙소로 향한다. 공항에서 시내로 들어가는 길목의 니스는 세계적 관광지다운 화려함도 없고 부자들의 휴양지다운 고급스러움도 없다.

"엄마, 바다는 언제 나와?"

"곧 나오겠지" 라는 대답을 끝내기도 전에 푸린양이 소리친다.

"바다다!"

화려함 따위, 고급스러움 따위 필요없다.

눈앞에서 너울거리는 푸른 바다만으로도 충분하다.

'꼬뜨 다쥐르^{Côte d'Azur}'라는 이름 그대로,

저 쪽빛 바다면 니스는 충분하다.

참아야 하느니라!

코스와 일정을 짜면서 시간대비 가장 효율적인 방법을 찾던 중 벨기에에서 프랑스 니스로 이동할 때는 저가 항공을 이용하기로 했다. 늦은 수속으로 맨 뒷자리에 앉게 되었다. 작은 비행기와 좁은 좌석, 거기에 껌까지 씹어대며 폭풍수다를 떠는 스튜어디스들. 슬슬 짜증이 밀려왔다.

프랑스 남부지방의 홍수로 기상이 안 좋은 탓인지 비행기는 비포장 도로를 달리는 버스처럼 계속 덜컹거렸다. 컨디션도 좋지 않은데 속까지 요동을 쳤다. 금방이라도 웩하고 토할 것 같았다. 고소공포증도 있는 나지만 누가 낙하산을 가지고 뛰어내리자고 하면 바로 뛸 수 있을 정도로 온몸이 뒤틀렸다. 이제껏 가장 힘든 시간이다.

그 와중에 딸아이는 승무원이 밀고가는 카트에 실린 물을 먹겠단다. 돈을 내라는 스튜어드를 아이가 멀뚱하게 쳐다본다. 마치, '왜요? 공짜 아닌가요? 하는 듯한 눈빛으로.
"딸! 그동안 탔던 비행기가 아니란다. 공짜가 아니니 아무거나 주문하지 말아라."
그래도 기어이 먹겠다니 주섬주섬 지갑을 연다. 조금만 더 참았다가 내려서 먹으면 좋으련만…

다시 뱃속이 요동치고, 얼굴은 새하얗게 핏기를 잃어간다. 손과 다리를 꼬집어가며 치밀고 올라오는 구역질을 참아본다.

니스여행이 시작되기도 전인데 돌아갈 때도 이러면 어쩌나 하는 걱정에 아름다운 해변 풍경이 눈에 들어오질 않는다. 아이들도 힘든지 병든 닭처럼 기운이 빠져 보인다. 오늘은 아껴둔 전투 비빔밥으로 몸보신 좀 시켜줘야겠다.

반갑다!
태극기

"어젯밤 괜찮았어?"

두툼하게 외투를 껴입고 나선 나에게 K가 묻는다.

"어젯밤? 무슨 일 있었어?"

밤새 요란했단다. 뛰어다니는 소리, 고함소리 때문에 잠을 설칠 정도였단다. 단 한 가닥의 소음도 못 듣고 단 한 번의 뒤척임도 없이 잠에 빠진 잠팅이 우리 가족이 고개를 갸웃하는 사이, 허리춤에 권총을 찬 경찰 두 명이 지나간다.

오늘은 칸^{Cannes}에 가는 날이다. 레드카펫 위에서 포즈라도 한번 취하려면 날이 화창해야 할 텐데, 밤새 불던 바람만 덜할 뿐 가랑비는 쉼없이 뿌리고 있다. 호텔에서 5분 거리인 칸 행 버스정류장 앞 공원의 야자수 한 그루가 뽑혀 쓰러져 있다. 밤새 바람이 대단했나 보다. 그런데 야자수 주위에 경찰차와 구급차가 서 있다.

"어? 엄마, 저기!"

구급대원 두 명이 묵직해 보이는 들것을 들고 공원에서 나온다. 하얀 천으로 덮여 있는 무언가의 정체는 아무래도 사람인 것 같다. 어제 오후 마세나 광장Place Masséna을 지나올 때 보니, 공원에 노숙자들이 몇 명 있던데 그 사람들이 밤새 사고를 당한 건가? 영화의 도시 칸에 가는 날, 영화에서나 보던 장면을 마주하며 하루를 시작한다.

니스 변두리를 벗어난 버스는 차분하게 가라앉은 빗속의 남프랑스 마을들을 지난다. 슈퍼마켓과 세탁소와 카페가 나란한 길가 정류장에 잠시 멈춘 버스는 다시 빗속을 달린다. 빗줄기가 조금씩 굵어진다.

한 시간을 달린 버스는 칸 역 앞에 우리를 내려놓는다. 영화촬영 모습을 담은 칸 역의 아기자기한 벽화 속에서 마릴린 먼로가 금세라도 툭 튀어나올 것 같다. 빗방울은 좀처럼 잦아들 기미가 없다. 비옷을 꺼내 아이들에게 입히고 우산까지 꺼내 들었다. 서걱거리는 비닐 소리와 후두둑 떨어지는 빗소리가 더해져 무슨 이야기라도 할라치면 소리를 질러야 한다. 도란도란 이야기를 나누며 한가하고 여유롭게 돌아볼 예정이었는데, 비 쏟아지는 하늘만 쏘아보게 된다.

역 옆으로 난 좁은 언덕길을 따라 오르니 성당 분위기의 작은 건물이 서 있다. 여전히 몰아치는 빗줄기를 피해 서둘러 건물 안으로 들어선다. 우리 말고도 비를 피해 찾아든 여행자들이 여럿이다. 성당인 줄 알았던 건물은 작은 박물관이다. 비 그치기도 기다릴 겸 둘러보려고 했더니, 오늘은 오전만 개관을 하는 날이어서 입장이 마감되었단다.

고개를 빼고 하늘만 쳐다보던 여행자들이 하나둘 건물 밖으로 나간다. 빗방울이 조금 가늘어졌다. 그래도 비옷을 펄럭이며 힘겹게 언덕 위로 올라온 보람은 있다. 비오는 칸의 전경이 발 아래로 펼쳐진다. 칸 영화제의 상징인 종려나무가 지중해 바람을 맞으며 해안도로를 따라 늘어서 있다. 우아한 호텔과 세련된 상점들이 도로를 따라 쭉 이어지고, 도로 건너편으로 잿빛 바다가, 그 바다 위엔 고급스러운 요트가 출렁거리고 있다.

맑은 빗물이 졸졸 흘러가는 내리막길을 다 내려올 때쯤 비가 멈춘다. 말짱하게 개서 쨍한 햇살까지 내리쬐어 준다면 좋겠구만, 하늘은 여전히 먹빛이다. 여름 장사를 마친 레스토랑의 하얀 의자들이 차곡차곡 해변가에 쌓여 있다. 거리 메뉴판처럼 길 가운데 버티고 있는, 한여름 칸의 풍경을 담은 피카소 그림 앞에서 엉거주춤 포즈를 취해본다.

"저거 영국 국기 같은데?"

아이들이 쪼르르 달려간다. 보도 가장자리에 조각품이 놓여 있는데 마치 영국산 포장지에 쌓인 사탕같다.

"영국 국기 맞네. 왜 여기에 있지?"

궁금해 하는 초딩군이 앞장서 걷다가 또다시 걸음을 멈춘다.

"미국 국기다!"

멀리 내다보니 보도를 따라 기념석들이 쭉 늘어서 있다. 다음엔 어느 나라 국기가 나오려나 궁금해진 아이들이 뛰기 시작한다.

"오빠, 이건 어느 나라 국기야?"

"이건 브라질 국기."

"근데 프랑스랑 브라질이랑 친해?"

"아! 알았다. G20 국가들이야. 얼마 전에 프랑스에서 정상회의 한다고 했거든. 칸에서 했구나. 우리나라 대통령도 참석했을 걸?"

"그러면 태극기 사탕도 있는 거야?"

"아마도!"

우중충한 날씨 탓인지 영 기운이 없던 아이들의 눈동자가 반짝이고 목소리가 커진다.

"이건 어느 나라야?"

세계문화와 국제정세에 관심이 많은 초딩군은 물어보는 족족 대답한다. 《먼나라 이웃나라》로 갈고닦은 실력 발휘 제대로 하는구나.

"찾았다!!"

해안도로 끝자락에서 드디어 태극기 사탕을 찾아냈다. 아이들이 환호성을 지른다.

"태극기 사탕이 제일 예쁜 것 같아. 그치?"

"엄마, 나 여기서 사진 찍을래!"

"대박! 여기서 태극기를 보다니!"

일본 게임기를 가지고 놀고 미국 핸드폰을 사용하는 아이들에게 한국, 한국인이란 어떤 의미일까 궁금했는데 아이들의 반응이 예상 밖이다. 이렇게 열정적으로 태극기를 찾아 나서고 이렇게 기쁜 환호를 지르리라고는 생각조차 못했다. 고향 떠나면 다 애국자라더니, 여행 스무 날 만에 대한민국 초딩들이 애국자가 되었다.

우연찮게 시작된 태극기 찾기 놀이가 끝나고 칸영화제 행사장에 도착했다. 행사장 입구에는 칸영화제 대신 G20 정상회의 플래카드가 높이 걸려 있다. 레드카펫 없는 높은 계단이 휑하다. 분양이 끝난 아파트 모델하우스처럼 썰렁하다. 관광객들이 여배우인 양 포즈를 취해가며 사진을 찍고 있다. 카메론 디아즈와 샤론 스톤의 핸드프린팅을 찾아 의미없는 사진을 몇 장 찍고 찬바람 도는 칸 영화제 현장을 떠난다.

이제는 한글만큼이나 친숙해진 맥도널드 로고를 찾아 들어가 늦어버린 점심을 또 한 끼 때운다. 길고긴 바짓단을 끌며 영화의 도시를 누비는 프랑스 아이들을 지나쳐 버스정류장으로 향한다. 영화의 도시 답지 않게 소박한 영화관을 지나 작은 기념품 가게에 들어가 기념엽서 몇 장과 냉장고 자석을 사고 나니 칸에서 하고 싶었던 모든 일이 끝났다.

해질녘, 칸의 거리가 어두워지기 시작한다. 저녁 장사를 준비하는 레스토랑 직원들이 야외테이블을 펼치느라 분주하다. 슬쩍 넘겨다본 메뉴판의 가격에 켁켁 사레들린 기침이 쏟아져나온다. 한 끼 때운다고 했던 말, 미안! 맥도널드.

그때 심상치 않은 실루엣이 얼핏 느껴진다. 유리문 너머 레스토랑 안쪽에서 무언가가 강하게 뿜어져 나온다. 천천히 고개를 들어 레스토랑 안을 들여다본다.

세상에, 세상에!

조지 클루니! 브래드 피트다!

세계 최고의 두 섹시가이가 가게 안쪽에 있다.

"K야! 봤어? 조지 클루니랑 브래드 피트! 봤어?"

"응! 응! 봤어! 봤어!"

"어머! 어머머! 이 레스토랑에 온 거야? 우리 사진 좀 찍자. 여기 바깥에서 찍어도 나올려나?"

순식간에 이성을 잃은 두 아줌마가 유리문에 달라붙어 정신없이 플래쉬를 터트린다. 초딩군이 쓰윽 다가온다.

"엄마! 저거 사진인 거 알지?"

아무튼 산통 깨는 데 소질 있다.

돌아오는 버스 안, 내내 빗속을 걸은 탓인지 몸이 무겁다. 그런데도 피식 웃음이 터진다. 오늘 칸 여행에서 아이들이 가장 즐거웠던 일이 태극기를 찾아낸 일이었다면, 내가 가장 흥분했던 일은 바로 두 섹시가이를 만난 일이다. 사진이거나 말거나.

투어패스 사용의
나쁜 예

오후 1시

들뜬 마음으로 투어패스*를 산다. 패스로 입장할 수 있는 관광지가 잔뜩 실린 안내책자를 흐뭇하게 훑어보는 중이다. 이 많은 곳을 죄다 공짜로 들어갈 수 있단 말이지. 꼼꼼하고 알뜰하게 노선을 짠다.

오후 1시 30분, 투어버스 승차 1회 (21유로/24시간)

투어 시작!

관광안내소에서 길을 건너 투어버스 정류장이 있는 프롬나드 데 장글레Promenade des Anglais로 간다. 지중해를 옆구리에 끼고 있는 니스의 유명한 산책로다. 자전거 탄 아가씨가 천천히 스쳐가고 백발 할머니가 강아지와 산책중이다. 그 옆으로 우리 아이들이 멍하게 바다를 바라보고 있다.

....

★ 프렌치 리베라 패스French Rivera Pass (26유로 / 24시간권) : 니스 및 인근지역 박물관 미술관 등 각종 관광지 자유 이용권

"우와, 이층버스다!"

런던에서부터 타고 싶었던 지붕 없는 투어버스를 니스에서 타게 되는구나. 2층 맨 앞에 앉아 준비된 헤드폰을 꽂고 영어 버전으로 주파수를 맞춘다. 양쪽 귀를 가뿐히 통과해버리는 영어 설명을 흘려들으며 바다를 면한 예쁜 집들을 구경한다. 지중해를 마주하며 눈을 뜨고, 지중해를 바라보며 잠자리에 드는 사람들은 얼마나 행복할까. 딱 일주일만 저 풍경 속에 섞여보고 싶다.

오후 2시, 마티스 미술관 Musee Matisse (무료)

안내책자에서 가고 싶은 곳을 골라 동그라미를 그렸더니 우리 숙소에서 가장 먼 곳이 마티스 박물관이다. 우리의 투어패스 사용 작전은 먼 곳부터 가까운 곳으로 볼거리들을 하나씩 해치우는 식이다. 24시간 투어의 첫 방문지이자 우리 첫 번째 작전지역은 니스 북쪽에 위치한 마티스 미술관. 해변을 벗어나 구시가지를 지나고 한적한 주택가에 들어서자 미술관을 알리는 안내방송이 들려온다. 부랴부랴 버스에서 내린 우리를 맞이하는 건 멈춰선 회전목마와 초록빛 올리브나무들이다.

올리브나무 사이에서 동네 할아버지들이 쇠공을 던지는 게임이 한창이다. 우리의 구슬치기랑 비슷하다. 까만 챙모자를 삐딱하게 쓴 할머니가 팔랑거리며 할아버지들 사이를 누빈다. 챙모자 할머니가 가장 오래 머무는 자리는 구슬치기 실력자가 아니라 제일 잘생긴 할아버지 옆이다. 패션의 완성도 인물이요 인기의 완성도 역시 인물이다! 나무열

매를 그냥 지나치지 못하는 푸린양을 안아 올려 올리브 한 알을 따보게 한다. 한 입 깨물더니 뜨악한 표정으로 퉤퉤거린다.

올리브나무 뒤편에서 오후 햇살을 받은 오렌지색 마티스 미술관이 서 있다. 색의 사용이 짐승처럼 폭발적이고 자유로워 야수파^{fauvism}라고 불리는 마티스. 강렬한 색감이 인상적인 전성기 시절의 작품 몇 점과 손에 힘이 빠져 오리기 작품에 매진했다는 노년 시절의 작품이 주로 전시되어 있다. 단순해서 이미지가 더욱 선명한 마티스의 '푸른 누드' 라는 작품이 판화인 줄 알았는데 종이오리기 작품이란다.

"엄마! 저 파란 아줌마라면 나도 만들 수 있겠어!"

오늘 밤 당장 종이오리기 작품 하나 나오게 생겼다. 여섯 살 야수파 작가 탄생이요!

오후 5시, 투어버스 승차 2회 (21유로/24시간)

샤갈 미술관은 이미 입장을 마감할 시간이다. 그렇다면 세그웨이^{segway} 체험을 해볼까. 처음 투어버스를 탔던 곳에 세그웨이숍이 있다. 지루한 20분이 지나고 비로소 버스가 온다. 세그웨이란 서서 타는 오토바이 정도라고 하면 되겠다. 두 개의 바퀴로 움직이는 교통수단인데 전기를 이용하여 이동하는 친환경 발명품이다. 투어패스에 세그웨이 체험이 포함되어 있다. 과학탐구 숙제를 하다가 세그웨이를 알게 된 초딩군이 기대감에 차있다.

오후 5시 20분, 세그웨이숍은 문을 닫았다.

오후 6시, 투어버스 승차 3회 (21유로/24시간)

석양이 지기 시작한다. 니스 최고의 전망대인 샤또 언덕^{Colline du Château}으로 간다. 마지막 투어버스를 간신히 잡아탄다. 고작 6시인데, 막차라니! 고작 무료입장인 마티스 미술관 한 군데 다녀왔는데 투어버스가 끊긴다니! 슬슬 본전 생각이 난다. 샤또 언덕 입구에서 하차한 우리는 나무가 울창한 좁은 오솔길을 따라 전망대를 향해 올라간다. 헉헉 숨이 차고 다리에 힘이 풀린다. 언덕이라며?

휘잉, 찬바람이 불어온다.

바람이 불어오는 그곳에 아담한 전망대가 숨어 있다. 어두워지는 푸른 지중해와 초록 가로등으로 불 밝힌 해안도로 그리고 부드러운 붉은색 지붕이 어우러진 니스의 근사한 저녁 풍경을 감추고서. 서둘러 나온 초승달이 활처럼 굽은 초록빛 해안도로를 내려다보고 있다.

"예쁘다. 예쁘다."

지금 생각해낼 수 있는 감탄사는 이것뿐이다.

저녁 7시 30분

이미 떠나버린 투어버스 막차는 잊기로 한다. 전망대 아래쪽으로 난 계단이 해안도로와 맞닿아 있다. 예전에 춥고 습한 날씨를 피해 피한 온 영국인들이 그랬던 것처럼 '영국인의 산책로^{Promenade des Anglais}'를 따라 숙소까지 걷는다. 파도 소리를 반주 삼아, 초록 가로등을 조명 삼아, 산책로를 무대 삼아 다비치의 노래를 목청껏 불러제낀다.

"안녕이라고 내게 말하지마아~."

다음 날 아침 10시, 세그웨이숍

강사가 출근하는 11시까지 기다렸다가 30분간의 교육을 받고 30분 동안 탈 수 있단다. 어린이는 절대로 탈 수 없고, 성인이라도 강사와 동행해서 타야 한단다. 가게 안에 세워져 있는 천만 원짜리 세그웨이 위에 올라서보는 걸로 체험을 대신한다. 경찰 아줌마가 세그웨이를 타고 파도가 거센 산책로를 순찰하고 있다. 아무리 봐도, 저 아줌마보다 잘 탈 수 있겠는데….

아침 10시 30분, 샤갈 미술관

망했다. 화요일은 정기휴관일이다.

오후 12시 40분, 모나코 열대정원 입장 (7.50유로)

시간이 얼마 남지 않았다. 니스에서 모나코까지 시외버스를 타고, 열대정원Jardin Exotique까지 다시 시내버스를 타고, 투어패스 종료를 20분 남기고 정원에 입장한다.

바티칸 공화국 다음으로 세계에서 두 번째로 작은 나라, 그레이스 켈리라는 미모의 왕비 그리고 '모나코~' 하며 파도소리와 함께 시작되는 감미로운 노래 한 곡. 내가 알고 있는 모나코의 전부다. 여기에 초딩군의 지식을 보태자면 모나코의 공식명칭은 모나코공국Principality of Monaco,

나폴레옹 전쟁 이후에 프랑스로부터 독립했으나 외교권은 프랑스가 행사하고 있으며 프랑스어를 쓰고 세금이 없는 나라.

열대정원을 구경하기 전에, 점심부터 먹어야겠다. 별 두 개짜리 우리 호텔은 아침식사를 방으로 직접 가져다준다. 바게트와 크루아상, 커피와 우유까지, 전형적인 프랑스식 아침식사가 차려진 쟁반을 직원에게 건네받을 때면 마치 별 다섯 개짜리 호텔의 호화로운 룸서비스를 받는 것 같다. 24시간이라는 투어패스에 발목 잡힌 오늘 아침, 선 채로 대충 먹었더니 기절할 만큼 배가 고프다. 시내 마트에서 산 닭튀김과 해물 빠에야 냄새에 침이 고인다. 정원 안 벤치에 앉아 빠에야 속에 든 오징어를 질겅거린다. 마트 아줌마가 전자레인지에 데워준 빠에야는 아직도 따뜻하다. 별처럼 작은 꽃을 피운 선인장을 뒤에, 푸른 모나코 바다를 앞에 두고 즐기는 점심식사가 우리의 아침식사 만큼이나 호화롭구나.

오후 1시, 투어패스 종료!

우리나라 박주영 선수가 뛰었던 AS모나코 축구경기장이 한눈에 내려다보인다. 푸른 바다와 경기장의 붉은 지붕이 묘한 조화를 이룬다. 경기장을 배경삼아 찰칵찰칵 사진을 찍고 있을 때, 투어패스 스물네 시간이 종료되었다. 신데렐라 마차가 호박으로 변해버리는 것처럼 투어패스 사용시간이 지나면 정원에서 나가야 한다고 생각한 푸린양이 울먹인다.

"우리 나가야 돼?"

무슨 소리! 마지막 1분에 노래방 신곡 버튼을 누르는 그 짜릿함으로, 마지막 패스 사용처인 이 정원을 원없이 누벼보자꾸나.

프렌치 리베라 패스 (26유로 / 24시간권)

사용희망 : 샤갈 미술관, 세그웨이 체험, 꼬마 기차 탑승,
　　　　　　투어버스 승차, 열대정원 입장
사용 : 투어버스 승차(3회), 열대정원 입장
이익 : 2.50유로(약 3천원)
손해 : 투어버스 기다리며 보낸 시간
　　　　세그웨이숍 두 번 들렀다가 허탕치고 나온 시간
　　　　샤갈 미술관 휴관 소식에 절망한 시간
　　　　24시간 내에 여러 곳을 다니려고 아이들을 닦달했던 시간
　　　　본전을 뽑아야 한다는 신념에 마음 졸이고 조급해했던 시간

3천원 아끼고, 시간은 옴팡지게 날렸다! 멀리있는 볼거리부터 해치우는 작전 말고 비싼 볼거리부터 해치우는 작전이었다면 억울함이 덜 하려나?

episodes 34

모나코의
10대

여기는 모나코.

순식간에 해가 졌다. 버스정류장에 사람이 뜸해진다. 그런데 우리는 막차시간을 모른다. 슬슬 불안해진다.

'아직 8시니까 막차가 떠난 건 아닐 거야.'

'아니야. 니스행 버스는 우리로 치면 시외버스니까 8시면 끊길 수도 있어.'

안심했다가 걱정했다가 마음이 널뛰고 있다. 환하게 불 밝힌 버스가 서너 대씩 정류장에 도착한다. 니스행 버스는 없다. 이럴 줄 알았으면 아까 도착했던 버스에 타는 건데. 20분 전에 지나간 니스행 버스는 설 자리도 마땅치 않을 만큼 초만원이었다. 아이들이 한 시간을 견뎌줄까 걱정되어 미련없이 보냈다.

영영 오지 않을 것 같은 니스행 버스가 다행히 도착했다. 드문드문 서 있던 사람들이 버스로 몰려든다. 텅 빈 버스가 금세 채워지고 우리는 운좋게 좌석을 차지했다.

비 내리는 쌀쌀한 저녁, 버스를 기다리느라 긴장한 채로 떨었더니 버스에 오르자마자 몸이 나른해진다. 푸린양은 품에 안겨 잠들었고 캄캄한 창밖을 멍하게 바라보던 초딩군도 이내 고개를 꾸벅거린다.

버스 뒤편에 앉았더니 가을 저녁 모나코의 버스 안 풍경이 한눈에 들어온다. 물 먹은 솜 마냥 푹 퍼진 우리 아이들과 달리 에너지가 쌩쌩 넘치는 10대 남학생 둘이 눈에 띈다. 기차 마주보기 좌석처럼 역방향으로 앉아 있는 두 친구의 키득거리는 모습이 정면으로 바라보인다. 해독에 전혀 도움이 되지 않는 불어 실력이니, 음소거가 된 영화를 보는 것과 다름없지만 두 친구의 모습이 영화만큼이나 흥미진진해서 눈을 뗄 수가 없다.

두 친구의 행동에서 추정할 수 있는 중요한 사실은, 백인친구가 한 여자를 좋아하고 있다는 것이다. 더 중요한 사실은 이 여자의 연락처를 흑인친구가 알고 있다는 것이고! 게다가 친분관계까지 있는 듯하다.

백인친구가 느닷없는 짝사랑 고백을 하며 볼이 발그레해지는 걸 본 흑인친구가 여자에게 전화를 걸겠다고 한다. 백인친구는 말린다. 두어 번 말리는 척 하더니 머리칼을 감싸쥐고 괴로운 표정을 짓는다. 하지만 입은 이미 함박 만하다. 비실비실 웃으며 흑인친구가 전화를 건다.

'알로!'

여자가 전화를 받았다. 핸드폰 너머로 들려오는 여자의 목소리에 놀란 백인친구의 눈이 왕방울 만해진다. 숨 쉬는 것조차 잊은 듯하다. 흑인친구가 다짜고짜 백인친구에 대해 어떻게 생각하는지 여자에게 물었나 보다. 갑자기 백인친구가 흑인친구의 목을 손으로 감싸 쥐고 앞뒤로 흔들어댄다. 하지만 목을 감싼 손에 힘이 들어갈 리가 없다. 모든 에너지가 귀에 쏠려 있으니.

그때 흑인친구가 백인친구에게 엄지와 검지를 동그랗게 모아 신호를 보낸다. 아마도 여자가 괜찮다고 했나 보다. 백인친구는 흑인친구의 목을 쥔 손을 얼른 풀더니 이번에는 자기 입을 틀어막는다. 환호성이 나오려 했겠지. 흥분한 백인친구에게 흑인친구가 핸드폰을 들이민다. 전화를 받아보라 한다. 백인친구는 격하게 손사래를 치며 버스 옆구리를 뚫고 나갈 기세로 몸을 뺀다. 생글거리며 이야기를 나누던 흑인친구가 전화를 끊는다.

전화를 끊자마자 친구의 코앞까지 얼굴을 들이밀고 여자가 뭐라고 했는지 백인친구가 캐묻기 시작한다. 흑인친구는 일급비밀이라도 가진 양 거들먹거리며 감질나게 여자의 대답을 전한다. 백인친구가 주먹을 불끈 쥐며 뭐라고 소리치는 걸 보니, 반응이 꽤나 좋은가 보다. 얼마 동안 히죽거리던 백인친구가 먼저 버스에서 내린다. 버스 안에 남은 흑인친구와 창문을 사이에 두고 다음 약속을 기약한다.

들려도 들을 수 없는 반귀머거리 신세인 나는 그저 두 남학생의 표정과 행동으로 미루어 짐작할 뿐이다. 흑인친구는 귀걸이를 다섯 개쯤 걸고 있고 백인친구는 엉덩이가 보일 지경으로 바지를 내려 입었다. 내 아이가 저 꼴로 엉덩이를 내보이고 바짓단으로 골목을 청소하고 다닌다면, 어른들 말씀대로 다리몽댕이를 분질러 놓을지도 모를 일이다. 일류 요리사도 남자요, 일류 미용사도 남자인 시대이니 귀걸이 따위가 무슨 대수랴. 그럼에도 내 아이가 귀를 다섯 방이나 뚫겠다고 나서면 극악무도한 잔소리를 퍼부을 게 분명하다. 방금까지 눈앞에서 히죽거리는 두 모나코 아이들을 이해하는 건 내 상식으로는 가망없는 일이다.

그럼에도 발그레 볼을 붉히며 수줍어하는 모양새가 밉지 않다. 나의 10대를 떠올리며 두 아이를 바라보니 나도 모르게 미소가 돈다. 아마 다음 약속에는 그 여자도 동행하겠지. 마음으로나마 응원한다.

생각해보니 모나코 왕궁 앞 버스정류장에서도 한 무리의 고등학생을 만났다. 무리 중에는 훤칠한 키와 뽀얀 피부를 자랑하는, 곱게 생긴 훈남 학생이 하나 있었다. '모나코 송중기'라고나 할까(여학생들이 가만 둘 수가 없겠다). 이 훈남 친구는 고독했다. 하얀 헤드폰을 끼고 고개를 살짝 숙인 채 바지 주머니에 손을 찌르고 있다. 인기남의 모든 것을 갖추었다.

동양아줌마에게도 한눈에 띄는 이 곱상한 훈남을 여학생들이 그냥 지나칠 리 없다. 훈남을 앞에 두고 여학생들은 옆에서도 뒤에서도 속닥거렸다. 말은 친구에게 하고 있으나 시선은 훈남에게 딱 고정된 채로. 친분이 있는 듯한 여학생이 훈남에게 다가가 무언가를 제안한다. 여학생들 주변으로 일순 긴장감이 흐른다. 훈남이 주머니 깊숙이 숨은 하얀 손을 꺼내 시계를 확인하더니 고개를 젓는다. 살포시 웃으며 미안함을 전한다. 여학생의 얼굴에 아쉬움이 역력하다. 지켜보는 여학생들의 얼굴에 안도감이 역력하다. 아이들이 우루루 버스에 오르고 고독한 모나코 훈남이 멀어진다.

사복을 입은 학생들의 몸매며 패션이 성인과 다를 바 없다. 그럼에도 그 또래가 갖는 순수함만은 감춰지지 않는다. 당차고 거칠 것 없는 10대라지만 누군가를 좋아하는 분홍빛 연심 앞에서는 한없이 수줍어지는 그 순수함 말이다.

떡볶이를 사먹으며 깔깔거리고, 이선희와 이문세의 노래를 들으며 위로받던 수다스러운 나의 10대 시절이 아스라이 떠오른다. 주변에 남학교 하나 없는 불운의 입지를 자랑하는 여학교를 다녔으니 두근거릴 상대라고는 총각선생님뿐이었지만 우리의 연심은 얼마나 진지했던가. 그토록 진지한 짝사랑의 유통기한이란, 또 얼마나 짧았던가.

여행길에 만난 모나코의 10대들이여.

수줍게 솟아나는 새싹처럼, 밤새 내린 첫눈처럼 곱고도 짧은 그대들의 분홍빛 사랑이 더욱 아름답기를 응원한다.

파이팅!

위로가 필요해

여행을 시작하고 하루 스물네 시간씩 스무 날 째 아이들과 껌딱지처럼 붙어지내고 있다. 이제 초딩군은 제법 쓸 만한 의논상대가 되었고 어린 동생의 보호자 노릇도 톡톡히 해내고 있다. 힘들다고 투덜거리고, 즐겁다고 종알거리는 푸린양의 수다를 들으면 아이의 행복함이 고스란히 전해진다.

하지만 어느 날은 쉼없이 엄마를 부르는 아이 목소리 대신, 'starry starry night' 하고 시작하는 낮은 목소리의 '빈센트Vincent'를 듣고 싶은 날도 있다. 마시다 남긴 사과주스 대신 부드러운 카페오레Café au lait 를 마시고 싶은 날도 있다. 여기는 니스니까. 노래 가사처럼 고흐가 '별이 빛나는 밤The Starry Night'을 그린 아를과 지척이고, 카페오레의 본고장인 프랑스니까.

주적추석 비가 내린다. 쨍하게 맑은 니스 사진만 봤는데 우리 앞에 등장한 니스는 우중충하다. 1년 중 300일 햇살이 쏟아진다는 니스가,

우리가 도착하기 불과 보름 전인 10월 중순까지도 해수욕을 즐길 수 있었다는 니스가, 이틀째 비 아니면 비구름이다.

"오늘은 엄마들끼리 우아하게 커피 한잔 하고 싶다."

"마시면 되잖아!"

"그러니까 엄마들이 우아함을 즐기는 동안 엄마를 방해하지 말아줬음 좋겠다 이 말이지!"

우산을 나눠 쓰고 깔딱깔딱거리는 슬리퍼를 끌며 목적지에 도착했다. '빈센트'와 '카페오레'와 '우아함'까지 들먹이며 도착한 곳은 맥도널드.

거우 맥도널드? 하지만 여기 맥도널드, 결코 시시하지 않다.

2층 창 너머로 지중해가 보인다. 꼼꼼한 수학자가 정확하게 3등분해놓은 바다에, 솜씨 좋은 미술가가 푸른색 물감을 비율대로 풀어넣은 듯, 삼단치마 같은 니스 앞 바다를 감자쪼가리 씹으며 감상할 수 있는 곳이다.

낮게 흐르는 음악을 배경으로 몰아치는 파도소리를 들으며, 빗방울이 얼룩지는 창 가까이 앉는다. 어둠이 내린 지중해는 파도의 희끄무레한 실루엣만 보여줄 뿐, 온통 까맣다. 바다색만큼이나 검은 커피를 앞에 두고 앉으니 비로소 실감이 난다.

'여기가 불어교과서에서 처음 본 그 니스로구나. 이렇게 먼 곳까지 내가 진짜로 온 거구나.'

커피를 앞에 두고 K와 나란히 앉았다. 그 옆으로 푸린양이 콜라를 홀짝이며 주니어 네이버를 즐기고 있고, 초딩군은 감자튀김을 오물거리며 수학문제집을 풀고 있다. K의 아홉 살 꼬마도 앵그리버드를 조련시키느라 바쁘고, 초딩양도 초딩군과 나란히 앉아 수학문제 풀이에 여념이 없다. 지중해를 바라보며 원기둥의 겉넓이를 구하다니, 얼마나 특별한 경험이란 말인가.

아이들은 자기 할 일에 깊이 빠져 있다. 보기 드문 평온이다. 설탕 한 봉지에 달콤해진 커피를 한 모금 넘긴다. 아무리 부드러운 커피라도 혀에 쓴 맛을 남긴다지만 오늘 커피는 그저 달고 부드러울 뿐이다. 어제도 그제도 마시던 1.5유로짜리 커피인데, 오늘따라 유달리 감미로운 건, 분위기 때문이겠지. 여긴 니스고, 어둠이 내린 지중해를 바라보고 있으며, 아이들은 평화로이 제 할 일을 하고 있고, 고락을 함께하는 좋은 친구와 커피 한잔을 나눌 수 있는, 사박자가 제대로 들어맞은 분위기 때문이겠지.

'남자는 누드에 약하고 여자는 무드에 약하다고?'

아줌마도 여자더냐며 '팽' 하고 콧바람을 날려줬는데, 이곳 니스에선 마흔의 아줌마에게도 무드가 통한다.

"여행이 생각보다 더 힘드네."

"일정이 길어서 더 힘든 것 같아."

"몸도 힘들고 탈 없이 여행을 마쳐야 한다는 부담감도 크고."

"으윽! 부담감!"

"그래도 우리가 니스까지 왔다는 게 대단하지 않아?"

"건배라도 할까?"

술잔 대신 종이컵을 높이 든다. 누가 먼저랄 것도 없이, 우리는 이런 저런 이야기들을 쏟아낸다. 긴 시간을 동행하고 있지만, 사실 우리 두 엄마는 서로에게 시간을 내고 마음을 들어줄 여유가 없다. 단 한 시간도 허투루 쓸 수 없다. 눈을 부릅뜨고 길을 찾고 목적지에 도착해야 한다. 짜임새있게 소비한 하루에 뿌듯했지만 고단함은 생각보다 컸다. 하루를 보내고 쓰러지듯 잠들고, 또 하루를 보내고 기절하듯 잠들다 보니, '아, 힘들다' 푸념을 들어줄 시간이 없었고 '우리 되게 잘하고 있어!' 격려해줄 짬이 없었다. 푸린양의 푸념을 들어주고 초딩군을 격려하기에도 시간은 언제나 부족하니까. 두 아이를 데리고 유럽을 떠도는 지금, 의지할 수 있는 유일한 동지인데도 말이다. 오늘 2천원짜리 커피를 앞에 두고 단합대회 제대로 해보자.

푸념도 늘어놓고 격려도 해주는 사이, 뜨거웠던 커피가 서서히 식어가고 테이블을 차지하고 있던 사람들도 하나둘 자리를 떴다. 조류 조련에 실패한 K의 아홉 살 꼬마가 먼저 제 엄마를 부르며 걸어오고, 주니어 네이버 유람을 끝낸 푸린양도 늘어지게 하품을 하며 엄마를 부른다. 눈동자에 졸음이 가득하다. 고개를 파묻고 수학문제를 풀던 초딩녀석들도, 어느새 문제집을 덮었다.

"엄마, 오늘 커피타임 잘 즐겼어?"

"응. 좋았어."

"아줌마랑 무슨 얘기했어? 내일 가리발디 광장으로 굴 먹으러 가는 이야기?"

"아니, 생각보다 너희가 수학공부 열심히 하니까, 날마다 공부시키러 오자는 얘기!"

"엄마~~~~~!"

빗줄기를 헤치고 호텔에 도착한다. 엘리베이터를 타고 올라가는 K에게 눈인사를 보낸다.

'내일도 잘해 보자구!'

"내 커피잔 속에 위안이 있다"고 미국 가수 빌리 조엘이 말했다지.

비 내리는 밤, 우리의 커피잔 속에도 따스한 위로가 녹아 있었다.

두근두근
처음 파리

니스에서 돌아오는 비행은 흔들림 없이 평화로웠다. 비행기는 만석이라 소란스러웠지만 승무원은 친절했다. 예정된 시각에 우리는 정확히 오를리 공항Orly Airport에 도착했다. 유럽에서의 마지막 여행지, 여기는 파리다.

파리에서는 호텔 대신 아파트에 머문다. 열흘 임대료는 비싸지만 두 가족이 함께 머물 수 있으니 실제로 부담하는 비용은 호텔보다 오히려 저렴하다. 게다가 밥도 해먹을 수 있어서 식비도 줄일 수 있다. 하지만 체크인을 하려면 직원에게 전화를 걸어 약속을 잡아야 한다. 프랑스에서 프랑스 사람에게 전화를 해야 한다니…. 어쩐지 비행기에서 먹은 크로크 무슈Croque-monsieur가 제 맛이 안 나더라니.

승객들은 거침없이 공항을 벗어나고 있다. 대기중인 관광버스에 관광색 한 무리가 유유히 오른다. 단체여행을 온 이들이 유일하게 부러운 순간이다. 정신 차리고, 전화하자. 전화번호 쪽지를 주머니에서 꺼낸다. 숫자가 뭐 이리 많아? 이걸 다 눌러야 하는 건가? 그리고 보니 전화 거는 법도 모르는 파리 생초보다.

공항 출입문 옆, 여행자센터가 있다. 공항버스 승차권을 팔고 지하철 노선을 확인해주느라 흑인아가씨 혼자서 몹시 바쁘다.

"이 번호로 전화를 하려고 하는데요. 뭘 눌러야 하죠?"

"제가 눌러줄게요."

아가씨가 곧장 수화기를 들고 뚜뚜뚜 버튼을 누른다. 그리고는 바로 수화기를 내게 건넨다. 통화도 대신 해주면 좋으련만.

프랑스 남자의 또박또박 비즈니스 영어와 한국 아줌마의 더듬더듬 생존 영어가 그런대로 통해서, 무사히 미팅시간을 잡았다.

공항버스와 지하철을 차례로 갈아타고 숙소 앞에 도착하니 약속시간 10분 전이다. 아파트라고는 하지만, 고층 아파트가 아니라 5층짜리 오래된 벽돌 건물이다. 여러 사람이 거주하는 공동주택이라는 개념이 더 적당하겠다. 건물 1층은 레스토랑이고 위층은 주택이다. 아파트 주변에는, 수시로 사람들이 들락거리는 작은 빵집이 있고 그 옆으로 약국이 있다. 예쁘게 꾸며진 어린이 서점이 아파트와 나란히 있고 제법 큰 마트도 있다. 아침에 이 빵집에서 바게트를 사고, 저녁때 저 슈퍼에서 장을 보면 되겠구나. 지하철 역도 가깝고, 숙소 한번 잘 골랐다!

굳게 닫힌 현관문 앞에 짐가방을 세우고 우리도 우두커니 서 있다. 슬슬 다리가 아파온다. 약속시간이 20분이나 지났다.

혼자 지나가는 남자가 보이면 저 사람일까, 우리끼리 내기를 하면서 얼마를 더 기다렸다. 30분이 지났다. 직원이 나타나지 않는다.

"엄마, 전화해보면 안 돼?"

동전 몇 개와 전화번호 쪽지를 들고 길을 건넌다. 한참 만에 공중전화를 찾았는데 카드 전용 전화기다. 전화카드는 또 어디서 사야 하지? 그냥 돌아가서 기다릴까? 소용없어진 공중전화 앞에서 고민에 빠졌다. 아파트 예약은 프랑스 회사가 운영하는 인터넷 사이트에서 했다. 한국인의 후기는 없었지만 친절하고 빠른 답변이 마음에 들었다. 무엇보다 숙소 사진에 홀딱 마음을 뺏겼다. 하얀 침대보가 깔린 깔끔한 침실 두 개와 낮엔 소파로 밤엔 침대로 쓸 수 있는 소파베드가 놓인 거실, 그레이 톤의 고급스런 주방, 남유럽의 느낌이 나는 하얀 테이블, 거기에 깨끗한 화장실과 샤워부스까지 갖춘 데다 세탁기, 식기건조기, 다리미, 헤어드라이기까지 구비되어 있다니 빠리지엔느 부럽지 않은 멋지고 완벽한 숙소였다. 전체 금액의 10퍼센트를 예약금으로 걸어두면서도 오늘처럼, 직원이 약속장소에 등장하지 않으리라는 생각은 단 한 번도 하지 않았다. 그랬으니 만약의 사태라는 걸 생각해보지 않았고 당연히 대처방법을 고려해본 적도 없다. 우리가 손에 쥐고 있는 건 오로지 직원의 전화번호뿐이다. 그가 끝내 오지 않는다면 우리는 오늘 어디서 밤을 보내야 하나, 남은 열흘 동안 어디서 묵어야 하나. 무엇보다 프랑스 사람한테 보기좋게 당한 얼치기 한국여행자가 되는 건가. 비약의 속도가 가히 떼제배급이다. 웬만한 문제들은 우습게 넘길 때도 됐는데 좌절의 크기는 여행을 갓 나선 때와 같다.

40내 엄마와 10대 아들이 전화박스 앞을 지나가고 있다.

"저, 동전으로 걸 수 있는 공중전화는 어디 있나요?"

엄마가 아들에게 불어로 이야기한다. 아들이 고개를 젓는다.

"잘 모르겠어요."

"그럼 전화카드는 어디에서 살 수 있나요? 제가 전화를 걸어야 하는데 동전밖에 없어서요".

"전화카드는 슈퍼에 가면 살 수 있어요."

"고마워요. 그런데 전화걸 때 이 번호를 다 눌러야 하나요?"

전화번호 쪽지를 보여주자, 엄마와 아들이 자세히 들여다본다.

"이 번호는 핸드폰 번호네요. 앞에 있는 33은 국가번호니까 안 눌러도 되구요."

그때 아들이 느린 영어로 얘기한다.

"제 핸드폰으로 전화 한번 해볼게요. 엄마, 그래도 되죠?"

"물론이지."

이런 천사같은 사람들을 보았나. 고맙다는 인사를 하기도 전에 아들이 전화를 건다. 나도 우리나라에 온 외국인들에게 정말 잘해줄 테다.

"전화를 받지 않네요."

아쉽게도 연락이 되지 않는다. 나만큼이나 프랑스 모자도 아쉬워한다.

약속시간에서 50분이 지났다. 전화연락도 되지 않는다. 우리 정말 사기 당한 건가? 밤이 깊은 것도 아니고 숙박비를 다 날린 것도 아니다.

적당한 숙소를 찾을 수 있을 것이다. 하지만 이 저녁때 어디로 가야 숙소를 찾을 수 있을까? 예약도 안 했으니 훨씬 비쌀 텐데…. 천사와 악마 한 쌍이 제 몫의 깃발을 교대로 펄럭이고 있다.

숙소로 돌아가는 발걸음이 무겁다. 눈에 익은 빵집이 보인다. 건너편에 K와 아이들이 서 있다.

"엄마! 빨리 와. 아저씨가 왔어."

푸린양이 큰소리로 반긴다.

"직원이 왔어. 얼른 와."

이번에는 K가 외친다.

왔다고? 전화는 왜 안 받고, 약속에는 왜 이렇게 늦은 거야? 길거리에서 기다릴 거라는 걸 뻔히 알면서. 새로운 숙소 찾을 생각에 머리가 얼마나 복잡했는데! 한바탕 퍼부어줘야겠다. 벨기에 호텔에서 찾은 '또 다른 나'가 슬며시 고개를 쳐들고 있다.

"정말 미안해요. 오래 기다리게 해서 정말 미안해요."

직원은 나를 보자마자 두 손을 모으고 사과한다.

앙칼지게 쏘아붙일 참이었다. 어? 흐릿했던 직원의 실루엣이 점점 가까워지자 나는 그만 입을 다물었다. 잔뜩 찌푸린 이마의 주름이 저절로 펴지고, 심술궂게 다문 입술에 나도 모르게 배시시 웃음이 걸린다. 저런 훈남 청년한테 사기꾼 운운했단 말인가? 곱슬거리는 금발, 길쭉하고 날씬한 몸매, 고운 얼굴에 상냥한 미소까지 장착한 이 청년 앞에서, 고개를 쑥 쳐들던 '또 다른 나'는 황급히 자취를 감춘다.

"안 오는 줄 알았잖아요."

잘잘못을 따지는 게 뭐 그리 중요한가. 무사히 이 청년을 만난 게 중요한 거지. 큼!

예정보다 한 시간이나 늦게 숙소에 들어선다. 아파트는 내가 혹했던 홈페이지 속 사진과 똑같다. 심지어 절반쯤 열린 커튼 상태마저도.

쓰레기 버리는 방법을 듣고, 와이파이 비밀번호를 받아 적는다. 이제 숙박비를 결제할 순간이다. 눈이 마주친 K에게 속삭인다.

"좀 깎아달라고 해볼까? 오늘 이 사람이 미안한 일도 했으니 깎아줄 수도 있잖아."

"우리 딸이 정말 잘 생겼다고 하네요."

K가 먼저 운을 뗀다. 이번에는 내 차례다.

"한국 아가씨들이 좋아할 스타일이에요. 잘 생겼네요. 근데 오늘 우리가 많이 기다렸잖아요. 숙박비 좀 깎아줄 수 있어요?"

기분이 한껏 좋아진 청년이 계약서류를 꼼꼼히 들여다본다.

"오늘 미안했지요. 하지만 규칙은 규칙이에요. 쏘리!"

냉정한 쏘리 같으니라고. 1유로도 에누리 없이 숙박비를 계산한다. 이렇게 반듯하게 생긴 애들이 원래 융통성이 없지.

현관문을 열고 나가려던 그가 갑자기 돌아선다.

"원래 이 계약서에는 숙소 청소 서비스가 없는데요. 제가 특별히 청소 서비스 넣어드릴게요. 숙박비는 제 권한이 아니거든요."

반듯하게 생긴 애들이 융통성 없다는 발언 취소다.

어메이징
뮤지엄 레이스

　대영박물관 투어는 절반의 성공이었다. 공부 좀 되었으면 했던 초딩 두 녀석과 기대감에 설렜던 엄마 둘 중 엄마 둘만 즐거웠으니 말 그대로, 숫자 그대로 절반의 성공이다. 푸린양이 무서워하며 나가자고 조를 만큼 고대 미라는 실감나게 보존되어 있었다. 로제타스톤Rosetta Stone을 실물로 보고, 거대한 이집트 석상을 눈앞에서 마주한다는 자체가 놀랍고도 영광스러웠다. 그러나 이 모든 감탄은 오로지 나와 K의 몫이다. 처음 20분은 제법 집중하던 아이들이 점점 걸음이 느려지고 하품을 하기 시작했다. 초등 위주로 투어를 준비해달라고 특별 부탁까지 했는데, 아이들의 반응에 두 엄마는 민망해졌다. 시간이 갈수록 아이들이 입을 꾹 다문 채 반응이 없다. 그 와중에 푸린양은 잠이 들었고, 투어 후반부 내내 대영박물관 로고가 찍힌 휠체어에 실려 다녔다(유모차가 없단다). 우리는 더욱 민망해져 더더욱 가열차게 고개를 끄덕였다. 아침방송 방청단으로도 손색없는 리액션 아줌마로 거듭났다. 눈을 반짝이는 엄마와 하품하는 아이들, 절반의 성공이라고 할 수밖에.

대영박물관 투어, 50점도 과하다!

런던 내셔널 갤러리The National Gallery로 미술작품을 구경하러 가는 날, 하품을 시작하면 미련없이 돌아나오자고 다짐했다. 그나마 내셔널 갤러리에는 우리가 잘 아는 고흐나 램브란트 같은 화가의 작품도 많다고 하니 '아는 그림 찾기' 놀이나 하기로 했다. 1파운드짜리 안내도를 사고, 어린이용 체험활동 책도 한 권 샀다. 판매하는 할머니가 연필도 한 자루 빌려주었다. 자기 몫으로 책이 생긴 푸린양이 신나서 앞장선다. 많이 보겠다는 욕심 버리고, 워크북에 실린 그림만 보자!

"이쪽 방향이야!"

"찾았다!"

"이 그림은 말이야…."

작품이 있는 방 번호를 초딩군이 확인하고 길잡이를 하면, 푸린양이 쪼르르 쫓아가 그림을 찾아내고, 나는 워크북을 들춰보며 이야기를 들려준다. 워크북에는 유명한 그림 이외에 아이들이 흥미있어 할 만한 그림들도 소개되어 있는데, 그림마다 재미난 퀴즈를 만들어두었다. 퀴즈쟁이 푸린양은 워크북에 적힌 퀴즈가 무슨 말이냐며 나를 끌어당긴다. 작품 앞에 주저앉아 나는 더듬더듬 영어 해석을 하고 푸린양은 그림 문제를 푼다.

경쟁팀도 있다. 40대 아빠와 예닐곱 살로 보이는 부녀가, 우리처럼 워크북을 들고 있다. 아빠가 팔짱을 끼고 그림에 대해 이야기하면, 푸린양과 같은 모양의 연필을 든 아이가 연신 고개를 끄덕인다. 어느 땐 바닥에 주저앉아 그들이 끝나기를 우리가 기다리고, 어느 땐 소파에 걸터앉아 우리가 끝나기를 그들이 기다리고….

무려 세 시간 동안, 우리는 마치 미션 레이스에라도 참여한 선수처럼 열심히 그리고 신나게 몰입했다. 하지만 푸린양 눈높이에 맞추다 보니 초딩군 만족도 살짝 부족.

그래도 내셔널 갤러리 투어는 80점은 줄 만하다!

투명 피라미드와 '모나리자^{Mona Lisa}' 하면 떠오르는 곳, 루브르 박물관 Musee du Louvre에 가는 날이다. '말로만 듣던, 책에서만 보던' 시리즈의 종결자라고 할 수 있는 '모나리자'를 보게 되는 것이다. 지하 매표소에서 입장권을 사고 간단히 입장한다. 오디오 가이드 두 대를 대여하고, 푸린양이 타고 다닐 유모차도 빌린다. 중간에 마실 물도 한 병 넣어왔고, 숙소 앞 빵집에서 산 크루아상도 챙겨왔으니 오늘은 제대로 루브르를 돌아보자꾸나. 내셔널 갤러리에서의 시간이 좋았던 아이들도 기대감으로 상기되어 있다.

"엄마, 안내도에 소개된 작품이 열아홉 개밖에 안 되는데 순서대로 볼까?"

"아니! 제일 보고 싶은 것부터 보자. 니스에서 샤갈 뮤지엄에 못간 게 엄마는 후회막심이거든!"

"그럼 '모나리자' 보러 가자!"

오늘도 길잡이는 초딩, 작품 찾기는 푸린 담당이다. 작품번호를 누르면 한국어 설명이 친절하게 흘러나오는 오디오 가이드가 있으니 영어 해석하면서 설명하느라 끙끙거렸던 나는 우아하게 감상만 해도 된다.

가까이 가지 않아도 저쪽에 '모나리자'가 있구나 하고 알아챌 수 있다. 마치 암스테르담 담 광장을 걷다 보면 여기가 홍등가구나 하고 알아챌 수 있는 것처럼. '모나리자'가 있는 곳에 관람객들이 버글버글 모여 있고, 홍등가 상점에는 백주대낮에 보기 민망한 품목들이 버글버글 모여 있다. 관람객 사이를 비집고 들어가 '모나리자' 앞에 선다. 이리 밀리고 저리 밀리느라 제대로 감상할 짬도 없지만 지구상에서 가장 유명한 미술작품을 마주한다는 건 가슴 벅찬 일이다. 엷은 안개가 덮인 듯한 스푸마토 기법 탓인지, 눈썹 없는 이마 탓인지, 유리관 안에 있는 '모나리자'에게서 신비로운 분위기가 느껴진다. '모나리자'가 지금처럼 유명세를 얻게 된 건 눈썹 때문이 아니라, 도난 때문이라고 한다. 1900년대 초 루브르에서 '모나리자'가 감쪽같이 사라졌다. 그러자 이전까지는 별 관심을 두지 않았던 사람들이 오로지 '모나리자'만 찾았고 심지어 어떤 이는 그림이 걸려 있던 빈 벽에 애도를 표하기까지 했다. '모나리자'는 도난 후 2년이 지나 되찾게 되었는데, 범인은 '모나리자'의 유리케이스 설치에 참여한 이탈리아인이었다. 오전부터 박물관에 입장해 벽장에 숨어 있었다고 한다. 그는 이탈리아 화가의 작품이니 당연히 이탈리아로 돌아가야 한다고 주장하였으나, '모나리자'

는 프랑스 왕가가 다빈치의 제자로부터 사들인 프랑스 왕가의 재산이었다. 그럼에도 불구하고 '모나리자 도난사건'을 이탈리아 국민들만은 '모나리자 수복사건'이라고 부른다고 한다.

안내도에 소개된 작품이 고작! 열아홉 작품이라고 했던가. '모나리자'를 찾아오면서 몇 번이나 걸음을 멈췄는지 모른다. 어디서 본 듯한 작품이어서, 독특해서, 너무 예뻐서, 너무 커서…. 발목을 잡는 이유가 한두 가지가 아니다. 초딩군이 가장 보고 싶다며 꼽은 '나폴레옹 1세 대관식'은 세밀함도 감탄스럽지만 대관식이 열린 장소가 바로, 우리가 다녀온 노트르담 성당이라니 그림이 더욱 친근해 보인다. 같은 방에 전시된 루브르에서 가장 큰 그림 '가나의 결혼식'(가로 10m×세로 6m)과 가장 작은 그림인 '거지들'(가로 21cm×세로 18cm)을 번갈아 보는 재미도 쏠쏠하다. '무한도전'을 통해 알게 된 '얀 반 에이크Jan van Eyck'라는 화가의 작품을 찾아보는 즐거움도 크다.

"'사기꾼들'이라는 그림이 있는데 표정이 너무 개그스러워. 볼수록 재미있어."

"엄마! 사람얼굴이 다 과일이야. 신기하다. 누가 그린 거야?"

다빈치 말고 모나리자 말고도, 아이들이 좋아하는 그림이 생기고 관심가는 화가가 생겼다. 셀카놀이에 빠진 푸린양의 유모차를 슬슬 밀어주며 나 역시 그림으로 빠져든다. 오디오 가이드의 헤드셋을 꽂은 초딩군도 앞서 걸어가며 그림 속으로 빠져든다. K네와 만나기로 한 약속을 두 시간 뒤로 미루고 서둘러 그림 앞으로 돌아온다. 저마다의 이야기를 품은 이 그림들 앞을 좀처럼 떠날 수가 없다.

오늘 루브르 박물관 투어는 100점 만점에 100점이다!!

파리의 또 다른 대표 미술관인 오르세 미술관 Musee d'Orsay 은 우리에게 친숙한 그림이 가장 많은 곳이다(파리의 3대 미술관은 루브르 박물관, 오르세 미술관, 퐁피두 센터). 루브르 박물관의 소장품과 방문객 수가 계속 늘어나게 되어 1848년 이후의 작품을 옮겨온 오르세 미술관은 그 자체로, 대한민국 미술교과서라고 해도 과언이 아니다.

오늘은 특별히 기념품숍에 먼저 들러 어린이용 이야기책을 샀다. 아이들 눈높이에 맞는 그림이 스무 점 가량 실려 있고, 그림과 연관된 짧은 이야기가 함께 있어 푸린양이 보기에 딱 좋다. 그림 앞에 이야기책을 펴고 앉은 푸린양과 작은 목소리로 이야기를 읽어주는 나를, 한 할아버지는 만면에 미소를 띠고 바라보고 한 젊은 엄마는 책을 어디서 구했냐며 묻는다. 아이와 함께 다니며, 아이 스타일에 맞는 관람법을 조금씩 찾아간다.

물과 빛이 오묘하게 어울린 마네의 '수련', 어린 발레리나의 모습을 담은 드가의 '발레수업', 수많은 점을 찍어 화면을 채색하는 점묘법 화가 쇠라의 '서커스' 그리고 원시적인 자연의 아름다움을 표현한 고갱의 '타히티의 연인들'과 미술계의 슈퍼스타 고흐의 '자화상'까지, 이름만 들어도 알 만한 그림 앞에서 여지없이 멈춰 서게 된다. 하지만 그중 가장 발길이 떨어지지 않는 그림은 바로, 밀레의 '만종'이다. 만종

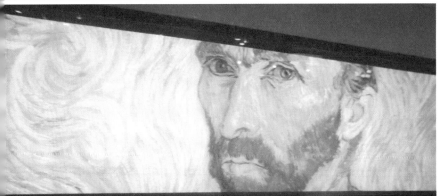

Musée d'Orsay

소리에 하던 일을 멈추고 기도를 올리는 농부와 아내의 모습. 우리 엄마가 가장 좋아하는 그림이다. 우리집에는 이불호청만한 십자수 천에 엄마가 직접 수를 놓아 만든 얇은 덮개가 있었는데, 덮개 가득 수놓아진 그림이 '만종'이었다. 어린 시절, 서랍장 위에 쌓인 이불을 곱게 감싸고 있던 '만종'이 실물이 되어 눈앞에 나타났다. 그림의 경건함에 우리의 수다스러운 품평이 잠시 멎는다.

"엄마가 보면 정말 좋아하겠다."

'만종'과 '이삭줍기' 앞에 서서 오메, 하고 감동할 엄마의 모습이 눈앞에 그려진다.

만종 소리가 울리는 듯, 관람객들이 하나둘 미술관을 빠져나간다. 어느새 폐관시간이다. 5층 카페 앞을 지나는 길, 바닥에서 천장까지 가득 찬 커다란 벽시계가 한눈에 들어온다. 센 강이 내다보이는 시계바늘 사이로 오렌지색 석양이 쏟아져 들어온다. 카페에 앉은 이들의 머리칼이 오렌지색으로 빛난다. 석양을 바라보는 아이들의 얼굴도 발그레한 오렌지빛이다. 대한민국 미술교과서라고 해도 좋을 오르세 미술관의 마지막 페이지를 장식하는 작품은 '파리의 석양'이다. 반가운 작품이 너무 많아 오히려 기억에 남는 건 '만종'의 아쉬움과 부드러운 석양뿐이다. 오늘, 오르세 미술관 투어는 채점 불가다.

파리 아이들
체험학습 엿보기

대한민국은 주말마다 들썩인다. 윗집은 캠핑을 가고 아랫집은 체험학습을 떠난다. 이 들썩거리는 대한민국에서 게으른 부모를 둔 우리집 아이들은 동네 도서관 나들이를 가는 게 고작이다. 캠핑을 가자니 제대로 된 텐트부터 장만해야 할 것 같고 체험학습을 떠나자니 꽉 막힌 주말 도로 위에서 숨통조차 막힐 것 같다. 도서관 열람실에서 잔뜩 책을 골라와 음료수 하나 옆에 두고 책장을 넘기다 짜장면 한 그릇 사 먹고 돌아오는 일상이 우리 집 주말 풍경이다.

하지만 초딩군이 3학년이 되자 이야기가 조금 달라졌다. 사회라는 과목이 등장하면서 체험학습은 선택이 아닌 필수가 되었다. 위기감을 느낀 나는 경주로 여행을 떠나 에밀레종도 보여주고 특산품인 황남빵도 맛보게 했다. 속초로 여행을 떠나 배가 드나드는 항구의 모습을 보여주고 비릿한 수산시장의 냄새도 맡게 하였다. 오감을 총동원한 체험학습이었다.

한 달에 한 번씩 떠나리라는 야심찼던 우리의 계획은 얼마 못 가 흐지부지 막을 내렸다. 주말은 어디든지 사람들로 넘쳐났다. 집에서 멀지 않은 몇 군데를 견학하고 나니 밑천이 똑 떨어졌다. 게다가 체험학습이라는 취지에 걸맞게 아이에게 학습효과가 있어야 한다는 강박증도 한몫했다. 경주여행에서는 쉼없이 에밀레종의 전설과 고분에 관한 이야기를 들려주고, 속초여행에서는 강원도 관광안내도를 펼쳐놓고 지리공부를 하기에 이르렀다. 그렇게 열과 성을 다했으나 아이가 기억하는 건 달큰한 황남빵과 싱싱한 오징어 회뿐이었다. 그마저 황남빵을 경주에서 먹었는지 속초에서 먹었는지 헷갈린다나⋯. 그런 체험학습이라도 계속 했어야 하나.

나폴레옹이 잠들어 있는 앵발리드$^{Les Invalides}$를 돌아보고, 가까운 로댕미술관$^{Musée Rodin}$으로 향한다. 로댕미술관은 실내 전시실과 외부 정원, 두 곳을 모두 둘러볼 수 있는데 아이들 컨디션을 보아하니 실내보다는 야외 정원이 적당하겠다. 정원석 놓여 있듯 눈 돌리는 곳마다 보이는 로댕의 조각품들이 두 엄마는 신기해 죽겠는데 아이들이 그 명성을 알 리 없다. 빨갛게 열린 나무열매를 따보려고 폴짝거리더니 귀신같이 모래놀이터를 찾아내 주저앉는다. 미술교과서에서 쑤욱 나온 듯한 '생각하는 사람$^{Le Penseur}$' 동상마저 쿨하게 스쳐가는 초딩군의 목덜미를 결국 잡아끌었다. 요거는 좀 보고 가자!

간신히 아이들을 잡아 비슷한 포즈로 사진 몇 장을 찍고, 조각상을 막 돌아서는데 푸린양이 묻는다.

"엄마, 이건 뭐야? 돼지를 만든 거야?"

프랑스의 유명한 소설가 발자크Balzac의 동상이다. 로댕 아저씨에게 미안하다고 해야 할지, 발자크 아저씨에게 미안하다고 해야 할지 모르겠다. 하지만 아이가 보는 눈이 꽤 정확하다. 실제로 이 발자크의 동상은 완성품의 외양 때문에 홀대를 받은 적이 있다. 프랑스 문인협회로부터 제작 의뢰를 받은 로댕은 발자크의 초상화와 사진을 보며 심각하게 연구했다고 한다. 배불뚝이에 등이 굽고 못생긴 발자크의 모습을 만들기 위해 로댕은 여러 가지 모습으로 조각상을 만들었다. 결국 팔을 안으로 집어넣은 채 외투를 입은 모습으로 발자크의 동상을 만들었는데 문인협회는 조각상이 아름답지 못하다고 비난했다고 한다. 아이의 눈에 돼지의 모습으로 비치는 것도 이상할 게 없다.

발자크의 조각상을 지나면 단정하게 정돈된 로댕미술관의 정원이 본격적으로 모습을 드러낸다. 앵발리드와 군사박물관의 정원수들이 군복을 완벽하게 갖춰 입은 장교라면, 로댕미술관의 정원수들은 삐쭉삐쭉 고개를 내밀고 주위를 살피는 어설픈 이등병이라고나 할까. 나무의 잔가지들이 삐죽 솟아 있고 나무 밑둥에는 잡초들도 제법 자라 있다. 프랑스 정원의 진수는 인공적인 조형미라지만 손닿기 전에 불쑥 자라버린 자연스러움이 나무들의 숨통을 틔어주는 것 같아 편해 보인다.

성원의 출구 근치에 초등학교 저학년 또래의 아이들이 모여 있다. 정원에 막 들어왔을 때부터 보이더니 여태 그 자리다. 선생님인 듯한 어른이 진지한 표정으로 이야기를 들려주고 있고, 아이들은 더 진지한 표정으로 집중하고 있다. 아이들은 지금 '칼레의 시민$^{Les\ Bourgeois\ de\ Calais}$' 동상을 앞에 두고 있다.

14세기 백년전쟁 당시 영국군에게 포위된 프랑스 도시 칼레는 1년 가까이 영국의 거센 공격을 막아내지만 결국 항복하게 된다. 자비를 구하러 간 항복사절단에게 영국 왕이 제안한다.

"시민을 대표해서 죽어줄 여섯 명이 자원한다면 나머지 시민의 목숨은 살려주겠다."

소식을 전해들은 칼레의 시민들은 순식간에 혼란에 빠졌다. 바로 그때, 한 사람이 천천히 자리에서 일어났다.

"내가 여섯 명 중의 한 명이 되겠소."

칼레시에서 가장 부자인 그의 뒤를 이어 시장, 상인, 법률가 등 부유한 귀족들이 목숨을 내놓겠다고 나섰다. 다음 날 점령자의 요구대로 속옷차림에 목에는 밧줄을 걸고 교수대를 향해 발걸음을 옮기던 그들은, 임신한 왕비의 간청으로 처형 직전 목숨을 건지게 된다. 여섯 시민의 용기와 희생정신은 높은 신분에 따른 도덕적 의무 '노블레스 오블리주$^{noblesse\ oblige}$'의 상징이 되어 많은 사람들의 가슴을 울리고 있다.

이후 로댕은 죽음을 향해 걷는 그들의 모습을 '칼레의 시민'이라는 조각상으로 탄생시켰다. 하지만 비틀린 팔, 손으로 머리를 감싸 안고 죽음 앞에서 고통스러워하는 평범한 인간의 모습을 한 조각상은, 시민이 원하는 영웅의 모습이 아니라는 이유로 논란이 되었다. 더구나 로댕은 조각을 받침대 없는 맨땅에 놓기를 고집했다. '아름답게 표현했다면 인물들의 사실성을 지키지 못했을 것이고, 높은 곳에 두었다면 영웅성을 찬양함으로써 진실을 잊게 했을 것이다. 애국주의나 영웅주의 대신 희생의 진짜 모습을 보여주고자 했다'는 그의 신념은 강렬하여, 결국 조각들은 맨땅에 놓이게 되었다. 로댕미술관 정원에 있는 '칼레의 시민'도 맨바닥에 전시되어 있어 관람객들이 스스럼없이 조각상과 눈을 맞출 수 있다.

프랑스 아이들이 조각상의 동작과 표정을 따라 한다. 우스꽝스러운 몸짓을 지어보이는 아이도 있지만 이내 진지한 표정으로 조각상의 모습을 흉내내고 있다. 자기의 동작에 대해 설명하는 아이도 있고 아무 말 없이 흉내만 내고 제자리로 돌아가는 아이도 있다. 선생님은 아이들을 묵묵히 지켜보며 고개를 끄덕일 뿐, 칭찬도 조언도 없다. 한참 동안 몸짓 흉내를 내던 아이들이 이번에는 고개를 숙이고 무언가에 몰두한다. 그림을 그리기도 하고 글을 쓰기도 한다. 아프지만 자랑스러운 조국의 역사를 알게 되어서인가. 칼레의 여섯 시민이 된 양 아이들은 진지하다. 저 아이들은 '칼레의 시민'을 절대로 잊지 못하겠지.

우리가 다녀온 경주 체험학습의 기억이 떠오른다. 도시 전체를 빙빙 도는 것 대신 한두 곳에만 집중했더라면 어땠을까. 천마총이어도 좋고 첨성대여도 좋았겠다. 선덕여왕이 되어보고 벽돌공이 되어보고 천문학자두 되어봤다면 어땠을까. 신라시대로부터 천 년이 지난 2천 년대의 초등학생이 본 첨성대는 어떤 느낌인지, 앞으로 또 천 년이 지난 3천

년대의 초등학생은 어떤 느낌일지 상상해보는 건 어땠을까?

그곳은 멀었고 시간은 부족했고 봐야 할 것은 많았다는 게 적당한 핑계가 되려나. 열 가지를 10만큼 알게 해서 100을 채우는 학습과 한 가지를 100만큼 알게 해서 100을 채우는 학습이 있다면 나의 선택은 언제나 전자였다.

지금 내 눈앞에 모여 앉은 프랑스 아이들의 모습이 학교교육의 힘이건, 사교육의 극성이건 무슨 상관이랴. 그저 내 아이들과 같이 하고 싶고, 같이 해야 할 체험학습의 모델을 찾은 것 같아, 마치 보물지도를 얻은 것처럼 든든하다. 대한민국 미술교과서의 대표작품인 '생각하는 사람'을 실물로 본 것만큼이나 뿌듯하다. 그렇다면 이참에 '생각하는 사람'으로 100을 채우는 교육을 한번 해봐?

'꼬르륵!'

점심때를 훌쩍 넘긴 시각, 뱃속에서 맹렬하게 신호를 보내온다. 어미의 뿌듯함 따위 알 리 없는 아이들도 서둘러 나가자고 재촉한다.

그래, 일단 오늘은 가야 할 길을 찾았으니까!

한 가지로 100을 채우는 교육은 한국 돌아가서 하는 걸로.

여기는 정말 멀고, 시간도 진짜 부족하고, 봐야 할 것은 너무나 많으니까.

★ '칼레의 시민'에 관한 내용은 EBS '지식채널e ─ 노블리스 오블리주' 편을 참고했음.

찰랑찰랑 세느강
블링블링 에펠탑

오버다, 오버! 파리면 파리지, 빠리는 또 뭐냐?

두 손을 모아 쥐고 백마 탄 왕자님을 바라보는 표정으로 '빠리'를 칭송하는 수많은 여행자들과 TV 속 연예인들을 보며 나는 비웃었다. 다 허영심이고 철 덜 든 어른들의 낭만타령이라며 가차없이 채널을 돌렸다. 유난히 프랑스를 좋아하는 초딩군에게, 가보면 실망할 거라는, 악담 아닌 악담을 하기도 했다. 솔직히 나는 파리가 별로 궁금하지 않았다.

"2층까지만 올라가자!"

"그래, 꼭대기는 너무 무서울 것 같아."

300미터 상공 에펠탑Tour Eiffel 꼭대기라니, 생각만 해도 다리가 후덜덜 떨린다. 그러고 보니 여행 내내 전망대에 올라간 적도, 유람선을 탄 적도 없다. 높은 계단을 무서워하는 푸린양 때문에 전망대는 매번 포기했고(볼 만하다는 전망대는 입장료가 상당하기도 했다) 유람선을 타려고 마음

먹은 날마다 날씨가 너무 나빴다. 말도 안 되게 파리에 시큰둥한 나에게 파리의 매력을 제대로 보여주려는 누군가의 의도인가. 어쩌다 보니 세상에서 가장 낭만적이라는 도시에서, 세상에서 가장 로맨틱하다는 건축물에 오르고 가장 사랑스러운 이름을 가진 강을 떠다니게 되었다.

에펠탑 꼭대기까지 올라가는 입장권은 인터넷 예약이 가능한데, 2층 전망대 입장권은 현장에서 직접 사야 한다. 멀리서만 봐오다 눈앞에 딱 마주한 에펠탑은 그야말로 거대하다. 처음 에펠탑이 들어섰을 때 기품있는 수도 한복판에 거대한 철골덩어리가 왠말이냐며 극렬히 반대했던 이들의 심정도 조금은 이해가 간다. 하지만 300미터짜리 흉물로 취급받던 애물단지는 이제 나라를 먹여 살리는 믿음직한 일꾼이 되었다. 매년 3천만 명의 여행자들이 낭만과 로맨스를 꿈꾸며 에펠탑 아래로 모여든다. 수십 분을 기다리며 길게 줄 서 있는 사람들의 표정이 하나같이 밝고 화사한 이유이기도 하다. 여기는 에펠탑 아래니까. 낭만도 전염이 되나? 에펠탑을 올려다보는 내 마음도 조금 말랑해진다.

엘리베이터가 두 번째로 멈추는 2층 전망대에서 관람객이 모두 내린다. 꼭대기까지 올라가는 관람객들이 엘리베이터를 갈아탄다. 이왕 왔으니 꼭대기까지 올라갈 걸 그랬나.

헉! 2층을 우습게 봤다. 꼭대기보다 한참 아래라고 마음 놓고 올라왔는데 발이 얼어붙는다. 높이 114미터짜리 2층이다. 보드라운 파리의 밤이 에펠탑을 감싸고 있고 꼬마전구처럼 작은 불빛들이 땅에서 빛나고 있다. 용기를 내 난간 가까이 가보니 안전망이 빙 둘러져 있다. 안전망 너머로, 은은한 조명을 입은 개선문Arc de Triomphe이 우아하게 서 있고, 개선문 앞으로 샹젤리제 거리Avenue des Champs Élysées가 시원하게 뻗어 있다.

"우리 어제 저기 갔지?"

"응. 그 앞 샹젤리제 걸으면서 노래 불렀잖아."

"오~ 샹젤리제~ 오~ 샹젤리제~."

숙소에서 가까워 왠지 친근한 몽파르나스 타워Tour Montparnasse를 찾아내고 아이들이 또 한번 반가워한다.

"몽파르나스 타워다! 엄마, 몽파르나스를 프랑스어로 어떻게 발음하는 줄 알아? 몽빠흐나쓰. 몽빠흐나쓰."

"몽빠흐? 웃기다!"

지하철을 타고 지나칠 때마다 들려오는 프랑스어 발음을 초딩군이 제법 제대로 기억하고 있다.

높이에 적응이 됐는지, 잔뜩 힘이 들어갔던 다리가 조금 편해진다. 난간 가까이 다가선다. 잔잔한 세느Seine 강 위로 환하게 빛나는 유람선이 유유히 지나간다. 하늘을 찌를 듯한 마천루가 없고, 번쩍이는 네온사인이 없는 파리의 야경은 차분하다.

"오빠, 그런데 에펠탑은 어딨어?"

"우꺄꺄꺄. 우리가 지금 에펠탑에 있잖아. 이 꼬맹아!"

그래, 에펠탑이 빠졌다. 소설가 모파상Guy de Maupassant은 에펠탑이 보기 싫어서 매일 에펠탑 안에서 점심을 먹었다지만, 초보여행자인 우리 식구가 파리에서 원하는 건 오로지 에펠탑인데…. 뭔가 중요한 게 빠진 듯 어쩐지 허전하더라니.

에펠탑 없는 파리 풍경이란, 앙꼬 없는 찐빵이요 윤아 없는 소녀시대다!

"엄마, 스타일이 좀 아닌데."

"추워서 덜덜 떠는 것보다는 낫잖아."

오늘 밤에는 세느 강 유람선을 탄다. 담요를 품에 안은 내 행색이, 피난민 못지않다. 에펠탑에서 가까운 선착장으로 갔더니, 우리가 타려는 유람선 선착장이 아니란다. 우리나라 신용카드 회사와 제휴를 맺어 할인프로모션을 하는 유람선을 타려면, 한참 걸어가야 한단다. 비싼 입장료를 줄일 수 있다면 까짓것 걸을 수 있다. 강 바람이 생각보다 훨씬 차다. 다리 아프다며 투덜거리는 아이들을 다독여 가며 간신히 유람선 선착장에 도착했다.

아이고, 신용카드를 숙소에 두고 나왔다. 입장료를 온전히 다 낸다. 브뤼셀 공항에 목욕용품을 두고 올 때보다 더욱더 속이 쓰리다. 자판기 커피를 한잔 뽑아 들고 유람선에 오른다. 유람선의 퍼스트클래스는 역시 2층 선상이다. 오늘에야말로 밤바람에 스카프 휘날리며 파리의 커피를 마셔보자꾸나.

미끄러지듯 매끈하게 유람선이 움직인다. 부드러운 프랑스어 안내방송을 시작으로 영어, 스페인어, 일본어 등 여러 외국어 안내방송이 이어지더니 말미에 한국어 안내방송이 나온다. 이 유람선은 앞으로 70분 동안 우리를 태우고 세느 강가에 위치하고 있는 멋진 건축물을 보여줄 거란다. 즐거운 관람이 되기를 바란다는 한국어 멘트가 귀에 쏙쏙 들어온다. 세계 여러 나라에서 온 여행자 틈에서 듣게 되는 모국어가 새삼 반갑다. 유람선이 서서히 속도를 높이고, 파리의 이름난 관광지들이 차례로 스쳐간다. 시끌벅적한 낮 시간을 보내고, 은근한 조명 아래서 고요히 잠들었다. 저들에게도 휴식이 필요하겠다. 며칠 동안 헤매고 다닌 파리를 복습하기에 딱 좋다. 뒤죽박죽이었던 세느 강변의 지도가 선명히 그려진다. 한참을 달리던 유람선이 속도를 늦추고 천천히 회항한다. 배가 선수를 돌리자 멀리 에펠탑이 보인다. 프랑스 대표 모델을 세워두고, 여행자들이 너나없이 자리에서 일어나 사진을 찍는다. 속도를 높인 유람선이 빠르게 세느 강 위를 달리고 강 바람도 더욱 거세진다. 훌쩍, 콧물이 흐른다. 종이컵을 들고 있는 손이 떨린다.

"에취 에취!"

푸린양의 재채기 소리가 요란하다. 보물처럼 품고 온 담요로 푸린양 몸을 둘둘 감싸보지만 여전히 입술을 달달 떤다. 강 바람에 스카프도 충분히 휘날렸고 빠리지엔느처럼 폼 잡으며 커피도 마셨으니 선상 투어는 이쯤하고 따뜻한 실내로 들어가야겠다.

그때.

"우와!"

"와우!"

여기저기서 탄성이 터져 나온다. 2층 선상에 앉은 여행자들 모두 같은 곳을 바라본다.

9시 정각, 에펠탑이 반짝반짝 빛나고 있다. 우수수 쏟아지던 별들이 에 펠탑에 몽땅 걸린 듯, 마리 앙투와네트의 화려한 보석들이 모조리 박힌 듯, 에펠탑이 반짝인다. 콧물 닦는 것도 잊은 푸린양의 눈동자도, 배낭 이 바닥에 떨어진 것도 모르는 초딩군의 눈동자도, 별빛처럼 그렇게 반 짝인다.

지금 이 순간, 찰랑거리는 세느 강에서 블링블링 빛나는 에펠탑을 바 라보는 이 순간이, 가슴 속에 콕 별처럼 박힌다. 아이들의 가슴에도 이 순간이, 이 여행이 그렇게 박히기를.

말도 안 되게 파리에 시큰둥했던 내가, 슬슬 빠리에 빠져들고 있다.

빠리, 강적이다!

© 백상훈(www.cyworld.com/skywalker5880)

엄마,
쉬 마려워!

"엄마! 쉬 마려워!"

올 것이 오고야 말았다. 악명높은 유럽의 화장실 인심에 대한 이야기를 수없이 들은 덕에, 화장실만큼은 철저하게 대비했다. 숙소에서 나올 때, 식당에서 나올 때, 박물관에서 나올 때도 반드시 화장실! 화장실만 보이면 무조건 아이들을 데리고 갔다. 덕분에 여행 막바지인 지금까지 화장실로 애를 먹은 적은 없었다.

하지만 지금, 상황이 달라졌다. 예고없이 들이닥친 '쉬' 통보를 받고, 공중화장실 하나 보이지 않는 세느 강가에서 나는 당황스럽다.

"얼마나 급해? 좀 참을 수 있겠어?"

"응. 쪼끔은 참을 수 있겠어."

여섯 살 아이의 '쪼끔'을 가늠할 길 없으니 서둘러야 한다. 세느 강이고 뭐고, 일단 회장실을 찾아야 한다. 상가 건물 1층은 모조리 카페가 점령하고 있으니 카페에 들어가지 않는 한 화장실을 이용할 수 없다.

푸린양의 손을 쥐고 바삐 걷는다.

"더 급해졌어?"

"아직은 괜찮아."

도로 건너편에 5층짜리 백화점이 보인다. 다행이다. 횡단보도 불이 바뀌기를 초조하게 기다린다. 바뀌었다.

"엄마! 우리 달려가자!"

급한가 보다. 백화점 입장! 1층엔 화장실이 없다. 2층으로 간다. 아무리 둘러보아도 화장실 표시가 없다. 3층엔 있으려나? 3층에도 없다. 위층에 다녀온 초딩군이 4층과 5층에도 화장실 표시는 없다고 전한다.

"저기요. 여기 화장실 없나요?"

백화점 직원에게 묻는다.

"농^{Non}!"

뚱뚱한 남자직원이 매정하게 '농'을 날리고 돌아선다. 화장실이 없는 걸 파악한 푸린양의 요의는 더욱 맹렬해졌다.

"엄마, 곧 쉬할 것 같애."

이번에는 좀 인자해보이는 아줌마 직원에게 부탁해본다.

"아이가 지금 화장실이 너무너무 급해서요. 여기 화장실 좀 사용할 수 있을까요?"

"농^{Non}!"

당신들은 오줌 안 싸냐고 따져들고 싶었지만 그럴 시간이 없다.

"완전 웃긴다. 여기가 무슨 백화점이야? 관광대국이라매?"

프랑스 열혈팬인 초딩군이 어이가 없다는 듯 투덜거린다. 화장실도 없는 백화점을 나와 다시 횡단보도 앞에 선다. 푸린양은 울기 직전이다. 푸린양을 번쩍 안아 올리고 눈에 띄는 카페로 뛰어간다. 술 파는 곳인지 밥 파는 곳인지도 모르고 무작정 뛰어 들어온 나에게 카페 웨이터는 반사적으로 화장실 방향을 가리킨다.

푸린양을 무사히 변기에 앉혔다. 살았다!

구세주나 다름없는 카페 웨이터에게 고맙다는 인사를 전하고, 들어온 김에 점심을 먹기로 한다. 식빵 사이에 햄과 치즈를 넣고 구운 크로크 무슈와 누텔라 초코쨈이 듬뿍 뿌려진 크레페 그리고 커피 한잔을 주문한다.

"쿨럭 쿨럭!"

테이블에 엎드려 아빠에게 엽서를 쓰던 푸린양이 콜록거린다. 흡연석에 앉은 손님들이 일제히 뿜어대는 담배연기가 바람을 타고 솔솔솔 아이들을 찾아 들어온다. 담배연기 한 모금, 크레페 한 입. 괴로운 점심식사를 마친다.

이제 슬슬 두 가족의 여행스타일이 드러난다. 우리는 여기저기 기웃거리고 싶은 호기심형이라면, K네는 알고 싶은 몇 가지에 집중하는 반복형이다. 스타일대로, 오늘 K네는 파리 시내를 다시 걸으며 백화점 구경을 하기로 하고 우리는 세계적 문호 '빅토르 위고의 집^{Maison de Victor Hugo}'에 가기로 한다. 오후 5시, 바스티유 광장에서 만나기로 약속을 정한다. 우리 막 빠리지엔느가 된 것 같다!

　지하철 달인에 이어 지도 보기에도 능통해진 초딩군을 졸졸 따라간다. 세느 강을 오른쪽에 끼고 걷는다. 날씨도 화창하고 배도 부르고 바람까지 솔솔 불어오니 여행하기 더없이 좋은 날이다. 이름 탓에 호텔로 착각한다는 시청Hôtel de Ville 앞 분수대에 초딩군을 세워두고 사진 한 장 찍고, 6.25 전쟁 참전기념비인 한반도 모형 위에 푸린양을 앉혀두고 또 한 장 찍는다. 갈 곳은 있으나 재촉하는 이 없는 느긋한 시간이다. 골목 안쪽에 있는 빅토르 위고의 집을 찾느라 하도 여러 번 물었더니, 건드리기만 해도 '익스큐즈 미'가 튀어나올 지경이다. 오른쪽 왼쪽으로 번갈아 회전을 하고 만난 건물의 긴 회랑 끝에 빅토르 위고의 집이 있다. 초딩군이 대표로 방명록에 인사글을 남긴다.

'레 미제라블이 유명하다는데, 저는 아직 안 읽었어요. 한국에 돌아가면 읽어볼게요.'

인사글을 쓰라고 했더니 반성문을 남겼다.

상상했던 작가의 집이 아니다. 좁고 허름한 집, 낡은 책상 위에 닳아 빠진 펜, 한가득 쌓인 책더미를 기대했는데, 위고의 집은 고급스러운 앤틱가구와 꽃무늬 벽지로 꾸며진 저택이다. 침실 안쪽에 자리한 위고의 집필실로 성큼성큼 걸음을 옮긴다. 프랑스에서 가장 위대하고 대중적인 작가라고 칭송받는 위고의 집필실에는 남다른 무언가가 있지 않을까. 설렁설렁 보아넘기던 다른 방과 달리 꼼꼼히 둘러본다.《노트르담 드 파리Notre-Dame de Paris》나《레 미제라블Les Miserables》외에도 많은 작품들의 원본이 유리장 아래 전시되어 있다. 하지만 꼼꼼히 둘러볼 것도 없다. 꽃무늬 벽지 아래 의자 딸린 책상 하나와 의자 없는 책상 하나가 덩그러니 놓여있을 뿐이다. 깃털펜을 쥐고 책상 앞에 서 있는 위고의 초상화가 그나마 이 단출한 공간이 집필실임을 말해주고 있다.

수시로 파티가 열리는 응접실, 새빨간 벨벳 소파가 놓인 침실과 자개장식이 번쩍이는 중국풍 가구가 가득한 이 화려한 저택을 가진 그가, 어떻게 그런 이야기를 쓸 수 있었을까. 가장 낮은 사람들의 비참한 이야기인《레 미제라블》은, 젊은 시절부터 사회고발소설을 쓰고자 했던 위고가 16년에 걸쳐 완성했는데, 출간 당시 주머니에 12프랑만 있으면 누구라도《레 미제라블》을 사서 이웃과 돌려 읽을 만큼 큰 반향을 일으켰다고 한다. 딸에게 8천 프랑을, 가난한 사람에게는 5만 프랑을 남기며 그들의 관 값으로 사용되길 바랐다는 그의 유언을 알지 못했더라면 부유한 작가의 근사한 저택만을 기억하고 돌아갔을 것이다. 화려한 저택 대신 작품과 생을 관통하는 작가의 인도주의적 신념이 오래도록 마음에 남을 듯하다.

그건 그렇고, 파리에서 가장 아름다운 광장이라는 보주광장Place des Voges이 내려다 보이는 그의 저택은 참말로 부럽다.

K와 만나기로 한 약속시간이 가까워진다. 다시 지도를 펼쳐들고 바스티유광장La place de la Bastille으로 가는 길을 손가락으로 가늠해본다. 오후 5시, 11월의 파리에 석양이 깔리고 작은 카페들은 서둘러 조명을 밝힌다.

낭패다! 광장이라면 으레 런던의 트라팔가르광장처럼 넓은 공터를 생각했는데 바스티유광장은 높은 기둥만 덜렁 서 있고 기둥 주변을 차들이 빙그르르 돌아가는 로터리다. 로터리를 중심으로 대여섯 개의 도로가 연결되어 있다. 과연 우리가 이 신촌로터리만한 도로 한복판에서 K네를 만날 수 있을까? 두 눈을 부릅뜨고 광장 주변의 도로를 살핀다. 광장 앞에 있는 카페에 들어갈까 생각하다가도 행여 K네를 놓칠까 싶어 꿋꿋하게 거리를 서성인다. 좀처럼 K네가 오지 않는다.

"엄마, 벌써 20분 지났어. 건너편에 있는 맥도날드에 들어가면 안 될까? 손 시럽고 다리 아프다."

따뜻한 핫초코라도 한잔 먹여야겠다. 니스에서 잠깐 멈췄던 푸린양 콧물이 다시 흐른다. 핫초쿠 한 잔을 단숨에 마시고 다시 광장으로 걸어나온다. 그사이에 K네가 지나쳐 가버렸으면 어쩌지? K의 핸드폰으로 전화를 걸어보지만 전원이 꺼져 있다. 이렇게 추운 도로에서 계속 기다려야 하는 건가. 얼마 동안 기다리다 못 만나면 숙소로 돌아가기로 얘기해둘 걸 그랬다. 벌써 40분이 지났는데 어쩌지?

"푸린아!"

반가운 목소리가 들려온다. K네가 왔다.

"왜 이렇게 늦었어?"

지도를 내보이며 바스티유광장을 물었더니 사람마다 제각각으로 길을 알려주었단다. 같은 길을 왔다갔다 하며 한 시간 넘게 헤맸단다. 아이들은 지쳐 있고 K는 잔뜩 짜증이 나있다.

"모르면 모른다고 하든지, 자꾸만 이상하게 가르쳐줘서 진짜 고생했다니까. 친절 과잉이야!"

"친절 과잉? 화장실도 못쓰게 하는 데 무슨 친절 과잉?"

"나는 한국 돌아가서 외국인 만나면 모르는 데는 딱 잘라 모른다고 할 거야. 그게 진짜 도와주는 거라니까."

"나는 화장실 급한 외국인 만나면 우리집으로라도 데리고 갈 거야."

"우리나라에서는 뭐가 걱정이야. 지하철 역이건 관공서건 상가건물이건 화장실은 어디서든 쓸 수 있지."

"맞아맞아. 볼거리만 많으면 다야? 오줌 쌀 곳도 많아야지!"

친절 과잉인 빠리지엔느들이 화장실도 없는 지하철 역으로 걸어가는 모습을 바라보며, 화장실 인심 후한 한국에서 온 두 아줌마의 파리 뒷담화가 끝날 줄을 모른다.

쏘리쏘리

여행은 막바지고, 체력도 바닥이다. 저녁 먹고 커피 한잔 마실 여유도 없이, 쓰러지듯 침대에 눕는다. 잠깐 눈만 붙였다 싶었는데 어느새 아침이다. 피로가 차곡차곡 쌓이고 있다.

오후 5시, 오랜만에 해지기 전에 숙소로 돌아왔다. 슈퍼에서 간단히 장을 봐와 저녁을 해먹었다. 설거지거리를 식기세척기에 밀어넣고 두 가족이 차례로 씻었다. 밀린 빨래도 해치웠다. 향긋한 섬유유연제 냄새가 나는 빨래들을 라디에이터 옆 빨래건조대에 가지런히 널었다(이 아파트에는 심지어 섬유유연제도 갖추어져 있다). 거실 탁자이자 공부 책상이자 주방 식탁인 동그란 테이블에 둘러앉았다. 두 엄마는 슈퍼에서 사온 인스턴트 커피를 홀짝이며 내일 일정을 체크하고 두 초딩은 도무지 진도가 안 나가는 수학문제집을 풀고 있다. 두 꼬마도 각자 연산문제집과 한글공부를 하고 있다. 꽤 평화롭다.

얼마 후 두 꼬마가 먼저 책을 탁 덮는다.

"방에 들어가서 놀자!"

"좋아!"

두 초딩도 기다렸다는 듯, 후다닥 문제집을 덮는다. 네 아이가 방으로 들어간다. 와자하니 소란스럽다. 게임을 하자는 둥, 그건 싫다는 둥 의견이 분분하다. 얼마간의 조율을 거친 아이들이 금세 놀이에 빠졌다.

"잡았다!"

"아니야, 안 잡혔어."

굳게 닫힌 방문 너머로 아이들의 실랑이 소리가 생생하게 들려온다. 낄낄 깔깔거리는 소리, 짜증내는 소리까지 시끌시끌하다. 그 사이 우리 두 엄마는 식기세척기에서 따끈하게 소독된 그릇을 꺼내 정리하고, 청소기를 돌려 거실을 청소했다. 환기한답시고 창문을 활짝 열어두었더니 아이들 떠드는 소리, 청소기 돌리는 소리가 도로 건너까지 들렸나 보다. 골목 건넛집 프랑스 할머니랑 자꾸 눈이 마주친다.

"얘들아, 시끄러운데. 조금만 소리를 낮출까?"

청소를 마치고 서둘러 창문을 닫았다.

"쿵!"

뭔가 바닥으로 떨어졌다. 곧이어 방안에서 울음소리가 들려오더니 곧 잠잠해진다.

잠시 후, "퉁!"

이번에는 뭔가가 벽에 부딪치는 소리다.

"무슨 일이야?"

"게임하다가 부딪쳤어. 괜찮아."

"근데 너무 시끄러워. 8시 넘었으니까 10분만 더 놀고 자자."

거실 탁자를 뒤덮은 가이드북과 파리 지하철 노선도를 번갈아 들여다보며 동선을 짜고 있다. 내일 영화를 보러 갈지, 퐁피두센터에 갈지 결정해야 하는데 쉽지 않다.

그때다.

"쿵 쿵 쿵!"

방 안에서 들려오는 소리가 아니다.

"똑똑똑"이 아니고 분명히 "쿵쿵쿵"이었다. "쿵" 소리에 분노가 섞여 있는 것도 같다.

"누구지?"

"너무 시끄러워서 왔나봐!"

의자에 앉은 채로 우리는 얼어붙었다.

"띵동 띵동 띵동!"

벨 소리가 세 번 울린다.

숨이 '컥' 막힌다. 할 수만 있다면 '펑' 하고 사라지고 싶다.

벨 소리를 들은 아이들이 방문을 빼꼼히 열고 고개를 내민다.

"엄마, 누구야?"

행여 문 밖으로 목소리가 나갈세라 속삭인다.

"시끄러워서 누가 온 것 같아. 일단 문 닫고 조용히 있어."

아이들 얼굴이 새하얘진다.

"띵동 띵동 띵동!"

다시 벨이 울린다.

"나가자!"

"심호흡 한 번 하고. 후우!"

거구의 흑인 남자면 어떡하지? 불어라고는 봉주르, 메르씨 밖에 모르는데 뭐라고 해야 하지? 현관을 향해 걷는 3초 동안 나의 머릿속은 전쟁터다.

문 밖에 서 있는 사람은 40대 초반의 백인남자였다. 다행히 거구도 아니고, 흑인도 아니고, 인상이 나쁘지도 않다. 하지만 남자는 현관문이 열리자마자 불어로 고함을 지른다. 프랑스 말이건 아프리카 말이건 분위기 파악하는 데는 아무런 문제가 되지 않는다. 다짜고짜 화를 내던 남자가 하얗게 질려 서 있는 두 동양아줌마를 바라보더니 잠시 멈칫 한다.

그러더니 이번에는 영어로 따져 묻는다.

"도대체 지금 몇 시인데, 이렇게 시끄러운 거예요. 아까 5시부터 지금까지 세 시간째라구요."

"죄송합니다."

"집 안에서 전쟁이라도 하나요? 뛰고 싸우고 던지고 말이에요."

"미안합니다."

"다른 사람 생각은 안 하는 거예요? 너무 시끄러워 참을 수가 없네요."

"너무너무 죄송합니다. 아이들이 방안에서… 너무 시끄러… 정말정말 미안합니다."

말이 반 토막이 되어서 나온다. 좀처럼 화를 가라앉히지 않는 아저씨를 보며, 아이들을 데리고 나와 직접 사과하게 해야 하는 건가 고민스러워진다. 프랑스에선 아이들이 직접 사과하는 게 예의인가 하는 생각도 스친다. 하지만 지금 방 안에서 숨소리조차도 죽이고 있을 아이들을 데리고 나와 사과를 하게 한다면 한두 녀석은 오줌을 지릴지도 모른다.

두 엄마가 아랫집 남자에게 할 수 있는 건 오직 미안하다는 말 뿐이다. 아임 쏘리를 오십 번쯤 듣고서야 남자는 돌아선다.

"기절할 뻔 했어."

"기절했으면 좋았겠다."

방 안의 아이들은 시키지도 않았는데 침대 시트를 정리하고, 고요히 앉아 있다. 집 안에서 사뿐사뿐 걸어야 하고, 뛰지 않아야 하고, 벽에 물건을 던지지 않아야 한다는 사실을 아이들도 우리도 잠시 잊고 있었다. 우리네 아파트와는 다르게 생긴 집이고, 항상 친절하기만 한 프랑스 사람들이었으니 전혀 생각하지 못했다. 더구나 우리는 지금 여행중이니까. 다른 이의 일상보다 우리의 하루가 몇 배나 특별하다고 여기는 이기적인 여행자니까. 하지만 이 건물에서 여행자는 우리뿐이다. 이웃은 생활인이다. 아파트 체크인 하는 날, 직원이 얘기한 주의사항이 이제야 떠오른다.

"저녁에 시끄럽지 않게 주의해주세요. 특히 아이들이요. 다른 집은 모두 주민이 사는 집이에요. 여행자 숙소는 이 집 뿐이거든요."

지구온난화의 주범이 탄소 배출이라면, 이웃갈등의 주범은 프랑스에서도 층간 소음이다.

　다음 날 아침, 아랫집 초인종 박스 위에 작은 지퍼백을 올려두었다. 한국에서 가져온 녹차 티백 몇 개와 짧은 메모를 넣었다.

　'어젯밤 죄송했어요. 여행중이라 들떠 있었나 봐요. 다시 한번 사과 드립니다. 한국 아이들을 무례한 아이들로 기억하지 말아 주세요.'

　초딩군이 지퍼백을 찬찬히 들여다본다.

　"어때? 그 정도면 화 좀 풀리겠지? 한국에 대해 나쁜 인상은 안 가지겠지?"

　"에이, 엄마! 일본 아이들이라고 하지 그랬어!"

　어제 이 녀석을 끌고 나와, 직접 사과하게 했어야 했다.

레드썬! 최면이 필요해

친구네와 같이 여행을 하다 보니 같은 학년인 두 아이를 은근히 비교하게 된다. 틀린 게 아니라 다르다는 걸 알면서도 마음이 항상 씁쓸하다. 엄마의 당부도 있었겠지만 초딩군은 아침마다 그날의 일정을 확인해보고, 거기에서 하고 싶은 일이나 꼭 보고 싶은 내용을 정리한다. 어떤 때는, 하루 전날에 다음 날 일정에 대해 공부도 하고 꼼꼼히 노선조사도 한다.

그런 반면 같은 나이인 우리 딸아이는 어떤가. 미리 알아보라고 사정 아닌 사정을 하는데도 언제나 피곤하다, 모르겠다, 라는 핑계만 대고 오리새끼처럼 엄마 뒤만 졸졸 따라다닌다. 초딩군만큼 세계사나 지리에 관심은 없었지만 나름 호기심도 있고 하고 싶은 것도 많아 세계관이 넓은 줄 알았다. 마리 앙트와네트도 잘 몰랐고, 안네가 어떻게, 왜 죽었는지 관심이 없었기는 하지만 그들이 머물던 곳에서는 그들에 대해서 알려고 하는 마음을 조금이라도 보여주었으면 했다. 죽었다는 이야기에 무섭다는 말만 되풀이하고 있으니 어찌 한숨이 안 나오겠는가?

아직 관심이 없고, 어려서 그러는 거라 위안하며 웃는 수밖에. 그래야 섭섭한 내 마음이 위로가 될 것 같다.

"엄마, 난 나중에 이런 나라에 와서 꼭 이런 공부를 해보고 싶어."
여행 내내 기대했던 이 말 대신 돌아온 딸아이의 여행소감이란,
"유럽은 화장실과 물 때문에 못 살 것 같아. 난 그냥 우리나라에서 쭈욱 살 거야."
너무 많은 걸 기대했나? 나도 모르게 한숨이 터져 나온다. 엄마의 깊은 한숨에 아이들이 멀뚱하게 쳐다본다.
그래도 보고, 들었으니 뭔가는 느꼈을 거야! 스스로에게 레드썬을 무한 반복한다. 최면이 필요한 순간이다.

당신,
거기 있어요?

"진짜 없어?"

"아까 티켓 샀던 여행사에 두고왔나 봐."

가방을 뒤적거리던 K가 결국 베르사유 궁전^{Château de Versailles} 입장권을 찾으러 여행사로 뛰어가고 나는 아이들과 남았다.

"다시 찾아볼게요."

부드러운 미국식 영어를 쓰는 반바지 남자가 방금 전 K처럼 가방을 뒤지기 시작하더니 바지 뒷주머니까지 뒤집고 있다. 남 일 같지 않은 상황이 안쓰러울 만도 한데, 지금 안쓰러운 건 그의 패션이다. 목 아래까지 단추를 단단히 채운 하얀 면 티와 정확히 무릎에서 멈춘, 이름 그대로 딱! 반바지를 입고 있다. 미국인답다. 그건 그렇다쳐도, 반바지 아래로 종아리 절반을 덮고 있는 새하얀 양말과, 그 양말을 눈부시게 받쳐주는 새까만 나이키 샌들이라니… 만약 단어들에게 감정이라는 게 있다면 그중 '스타일'이라는 단어가 주저앉아 통곡을 했을지도 모르겠다.

반바지 남자는 극적으로 입장권을 찾아내고 의기양양하게 입장한다. 그 뒷모습을 바라보며 슬그머니 황금색 테를 두른 궁전의 정문으로 고개를 돌려본다. 마침, K가 표를 흔들며 달려오고 있다.

안내데스크에서 무선전화기처럼 생긴 무료 오디오 가이드를 빌린다. 한국어 서비스가 된다.

베르사유 궁전은 세계에서 가장 크고 화려한 궁전 중 하나다. 원래 루이 13세의 사냥용 별장이었으나 그의 아들 루이 14세가 유럽을 압도할 만한 궁전을 짓겠다는 의지로 막대한 돈과 인력을 들여 50년 만에 완공했다. '짐은 곧 국가다'라고 말한 태양왕 루이 14세였으니 못할 일이 무엇이었겠는가. 한참 공사가 진행될 때는 무려 3만여 명의 국민을 무보수로 건축에 동원했다고 한다. 국민의 고혈을 쥐어짠 베르사유 궁전은 결국 프랑스 혁명의 기폭제가 되고 만다. 그리고 그 혁명의 가운데 우리가 잘 아는 마리 앙투아네트^{Marié Antoinetté} 왕비가 있다. 사치와 낭비, 향락의 상징으로도 여겨지고, 혁명의 소용돌이 속에서 부당하게 폄하된 비운의 여인으로도 불리는, '베르사유의 장미'인 그녀로 인해 베르사유가 더욱 궁금하다.

역시 아는 만큼 보이고 들리는 만큼 재미있다. 오디오 가이드에서 들려주는 베르사유 이야기를 흥미롭게 들으며 어느새 '거울의 방'에 도착했다. 가면 무도회나 궁정 행사를 하는 곳으로 사용되었던, 궁전에서 가장 화려한 장소. 방으로 쏟아져 들어오는 햇살을 578장의 거울이 일제히 반사하며 반짝이는 모습은 단연코 베르사유 최고의 장관이라고 한다. 578장의 거울은 궁전의 화려함을 돋보이게도 하지만, 국왕을 알현하기 위해 거치며, 왕이 모든 것을 감시하고 있다는 절대적인 권한을 느끼게 하는 장치이기도 하단다. 흐린 가을날, 거울의 방에서 반짝이는 건 수많은 관광객들이 요란스레 터트리는 카메라 플래시뿐이다. 흥겨운 왈츠라도 한 곡 흘러온다면 성대한 무도회를 상상하며 거울의 방을 제대로 즐길 수 있을 것 같은데…. 햇살도 반짝임도 음악도 없는 '거울의 방'은 그저 샹들리에가 예쁜 거대한 공간일 뿐이다.

황금색 침구와 커튼, 금테를 두른 왕족의 가구를 질리게 구경한다. 화려함에 무뎌질 때쯤, 궁보다 더 근사한 베르사유의 정원 앞에 선다. 끝을 가늠할 수 없는 방대한 넓이와 잘 다듬어진 정원수, 힘차게 튀어오르는 듯한 분수대 안의 조각들, 어느 것 하나 대단하지 않은 게 없다. 정원이 내려다보이는 궁전 앞 계단에 앉아 잠시 숨고르기를 한다.

"이제 어디로 갈까?"

"마리 앙투아네트가 살았던 프티 트리아농Petit Trianon에 가보고 싶어! 사람들이 모두 마리 앙투아네트를 사치스럽다고 하는데 살던 곳에 가보면 정말 그랬는지 알 수 있지 않을까?"

초딩군은 태양왕 루이 14세보다 마리 앙투아네트에게 더 관심이 많았다. 초딩군 덕분에 마리 앙투아네트가 루이 14세의 부인이 아니라 루이 16세의 부인이라는 사실도 알게 되었다. 베르사유에는 그랜드 트리아농Grand Trianon, 프티 트리아농, 왕비의 촌락Hameau de la Reine으로 구분되는 트리아농이 있다. 그랜드 트리아농은 왕의 거처로 침실과 오락실, 기도실 등이 있다. 왕비의 촌락은 프랑스 농가 십여 채를 만들어 놓은 곳으로, 마리 앙투아네트가 재미삼아 낚시도 하고 소젖 짜기 같은 시골 농사일을 체험했다. 당시 18세기 귀족들 사이에서는 직접 시골생활을 체험하고 마을을 소유하는 것이 유행이었다. 초딩군이 가보고 싶어하는 프티 트리아농은 마리 앙투아네트의 거처다.

베르사유 궁전은 워낙 넓어서 자전거를 타거나 전동카트를 운전하거나 아니면 기차를 타고 다녀야 하는데, 우리는 프티 트레인이라고 하는 미니 기차에 오른다. 하늘로 쭉쭉 뻗은 나무가 양 옆에 늘어서 있고 자갈돌 하나 없이 고른 길을 기차가 달려간다. 풀을 뜯고 있던 포동포동한 양들이 기차를 바라보는 듯 고개를 든다.

프티 트리아농은 베르사유 궁전의 입장권과 별도로 추가요금을 내야 한다. K네 가족은 다른 곳을 둘러보겠다고 떠나고 우리 가족만 이름 그대로 '작은 궁전' 속으로 들어간다. 마리 앙투아네트의 개인 거주지였던 이곳은 궁전 전체로 보면 소박하기 그지없는 크기지만, 방마다 갖추어진 가구와 장식만큼은 고급스러움과 화려함이 결코 뒤지지 않는다. 특히 유모차는 폭신한 깔개가 깔린 황금색 타조알 같아서 탈 것이라기보다는 장식품 같다. 요즘 엄마들이 취미로 하는 알공예 작품과 비슷하다. 부서지지 않게 조심해야 하는 것도 비슷하다.

서서히 해가 기우는 시간, 왕비의 별궁에 스미는 빛이 점점 사라진다. 폐관시간인 5시 30분까지는 아직 한 시간이나 남았는데 관람객들이 서둘러 빠져나간다. 마리 앙투아네트가 아꼈다는 영국풍 정원을 잠시 돌아보고 트리아농을 빠져나온다. 생각보다 빨리 어두워지고 있다. 궁전 전체를 흐르는 대운하 때문인지 프티 트레인 정류장에 서서히 물안개가 퍼진다. 트리아농을 관람하던 많은 사람들은 다 어디로 간 걸까? 정류장엔 우리 세 식구 뿐이다.

"엄마, 그거 알아? 빵이 없으면 케이크를 먹으라고 했다는 말?"

"알지! 그거 마리 앙투아네트가 한 말 아냐?"

"그동안은 그렇게 알려졌는데, 루이 14세의 왕비가 한 말이라는 주장도 있어. 왕비가, 빵이 없으면 파이의 딱딱한 껍질을 먹으라고 했다던데. 아무튼 마리 앙투아네트는 사람들에게 잘못 알려진 게 많은 것 같아. 오늘 프티 트리아농도 화려하기는 하지만 사치스럽다고 생각될 만큼은 아닌 것 같은데. 어차피 왕이랑 왕비는 이 정도 꾸미고 사는 거잖아."

"역사는 승자의 기록이라고 하잖아. 결국 승자만이 진실을 알고 있겠지?"

초딩군이랑 마리 앙투아네트 이야기를 나누는 동안, 동양인 세 식구가 트레인 정류장에 합류했다. 물안개와 어둠이 동시에 밀려드는 외진 곳에, 달랑 우리 셋뿐이어서 사실 겁이 났었는데 마음이 조금 놓인다. 그나저나 아직 막차시간은 한참 남았는데 벌써 지나가버린 건 아니겠지? 저쪽에 서 있는 동양인 가족도 슬쩍 우리를 바라본다.

"저기, 막차가 지나간 건 아니겠죠?"

결국 내가 먼저 말을 건다.

"시간이 아직 남았으니까 올 거예요."

20대 아들의 듬직한 목소리에 내심 마음이 놓인다.

텅 빈 마지막 기차가 천천히 정류장에 들어선다. 몇 안 되는 승객을 태우고 기차는 다시 사열하듯 늘어선 나무 사이를 지나 정문으로 향한다. 아무도 없는 트레인 정류장을 차례로 지나친다. 같이 기다리던 동양인 가족과 우리 세 식구가 베르사유의 마지막 손님이었나 보다. 우리를 내려준 기차는 하루 임무를 다 끝냈다는 듯 푸르륵 시동이 멎는다.

고요하다. 베르사유의 상징인 넓고 아름다운 정원은 이미 어둠에 묻혔다. 아름답고 화려한 궁전 구석구석 물안개가 내려앉았다. 마치 신성한 기운처럼 궁전을 감싸고 있다.

"엄마, 무서워. 빨리 나가자!"

푸린양이 손을 잡아끈다.

"그래, 가자."

몇 걸음 걷다 뒤를 돌아본다. 영국 윈저성에 어둠이 내리면 엘리자베스 1세 유령이 신하들을 이끌고 궁 안을 걷는다는데…. 안개가 내려앉은 어두운 베르사유 궁을, 북적이던 사람들이 모두 빠져나간 텅 빈 정원을 누군가 걷고 있는 건 아닐까? 몹시 슬픈 얼굴을 한 그녀가 아닐까?

마리, 당신 거기 있어요?

파리에서
영화 보기

　아무 때고 마음만 먹으면 볼 수 있는 게 영화였는데, 여행지에서는 그 것마저 쉽지 않다. 지금 유럽은 애니메이션 영화 '틴틴$^{Tin\ Tin}$'이 절찬리 상영중이다. 한글 자막에 집착하는 초딩군을 살살 꼬드겼다. 한국에서 개봉도 하지 않은 영화를, 영화제의 나라 프랑스에서 본다면 얼마나 특 별하겠냐고. 초딩군이 순순히 고개를 끄덕인다.

　하지만 프랑스에서 영화를 보는 데는 한 가지 걸림돌이 있다. 바로 '더빙'이라는 복병이다. 어린이용 애니메이션 영화는 물론 성인영화 도 프랑스어 더빙을 한단다. TV방영이 아닌 극장 상영인데도 말이다. 더구나 더빙판만 상영하는 극장이 많다. 극장 열 곳 중 여덟 곳이 더빙 판만 상영하고, 나머지 두 곳도 정해진 회차만 자막판을 상영한다. 우 리가 보고파 하는 '틴틴' 역시 대세는 더빙이다. 몇 시간 정보를 찾아 헤맨 끝에, V.O$^{Version\ Original(원어\ 버전)}$와 V.F$^{Version\ French(프랑스어\ 버전)}$ 표시를 구별 할 수 있게 되었고 원어 버전으로 '틴틴'을 상영하는 극장도 알아냈다.

지하철 도사가 된 초딩군의 안내에 따라 환승역을 거쳐 샤틀레^{Châtelet}역에 도착했다. 지하철 역사 안에 있는 극장을 지상에서 찾느라 30분을 훌쩍 넘기고 거우 매표소 앞에 선다. 금요일 저녁답게 극장 내부는 사람들로 북적북적하다.

"틴틴 보려는데요."

"무슨 영화요?"

"틴틴이요." (나도 모르게 목소리가 작아진다)

"오, 땡땡!"

틴틴의 프랑스식 발음은 '땡땡'이다.

주말 티켓 중 가장 저렴하다고 추천하는 주말콤보 티켓을 끊고 시끌시끌한 스낵바에 가서 팝콘과 콜라도 산다. 길거리에서 헤매길 잘한 건지, 기다릴 것도 없이 바로 영화상영시간이다. 그런데 영화티켓에 좌석번호가 없다. 티켓을 들고 입장하려는 사람들로 입구가 북새통이다. 경호원처럼 차려입은 극장직원에게 티켓을 내민다.

"저기요, 자리가 정해져 있지 않나요?"

"You can sit any seat."

아무 곳에나 앉을 수 있다는 건, 결국 먼저 들어가야 좋은 자리에 앉을 수 있다는 뜻이다. 이런, 내가 가장 취약한 '선착순'이다. 어쩐지 젊은이들이 콜라를 받자마자 정신없이 뛰어 들어가더라니.

상영관 입구에는 사람들이 빽빽이 들어차 있다. 경호원 차림을 한 덩치 좋은 젊은이가 입구에 노란 리본을 둘러놓고 통제하고 있다.

영화 시작 5분 전이다.

"우리 지금 들어가야 할 것 같은데. 초딩! 앞에 가서 틴틴 입장할 수 있냐고 물어보고 올래?"

쭈뼛거리던 초딩군이 사람들 사이를 헤집고 거우 다녀온다.

"이 사람들 모두 틴틴 보는 사람들이야. 그냥 기다려야겠어. 상영관은 11관하고 12관이더라구. 그런데 안내판을 보니까 11관은 2시간 후에 시작해. 그러니까 이 사람들은 모두 우리처럼 틴틴 보러 온 거지."

초딩군 추리가 맞았다. 시간이 되자 틴틴 관객 입장하라는 직원의 우렁찬 목소리가 들린다. 사람들이 일시에 일어선다. 밀고 당기는 몸싸움만 없지 좁은 극장문을 향한 은근한 신경전이 느껴진다. 한손엔 콜라, 한손엔 푸린양 손을 부여잡고, 마치 꽉 막힌 도로에서 운전대를 잡고 있는 운전자 마냥 앞사람을 바짝 쫓는다. 누구도 끼어들기는 안 된다!

선착순에 약한 아줌마치고는, 꽤 만족스러운 좌석을 차지했다. 알아들을 수는 없지만 충분히 요지파악이 가능한 광고 몇 편이 지나고 영화가 시작된다. 화면 하단에 끊임없이 뿌려지는 프랑스어 자막은 도움도안 되지만 거슬릴 것도 없다. 다만 거슬리는 게 있다면 관객들이다. 영화가 시작하고 20분이 지날 때까지 관객들이 슬금슬금 들어온다. 허리를 숙이고 빈 좌석을 찾아 두리번두리번, 찾아낸 좌석까지 들어가 앉느라고 바스락바스락, 때때로 앉아 있는 관객들이 동시에 엉덩이를 들고옆으로 이동하느라 웅성웅성. 관객 한 명이 들어올 때마다 일련의 과정이 반복된다. 마치 옛날 우리 영화관 모습 같다. 우루루 밀려들어와

자리잡느라 한바탕 북새통을 치르고, 영화에 빠져들만 하면 "저기요, 여기 자리 있어요?" 하면서 흐름을 깨는 우리의 20년 전 모습과 다를 게 없다. 객석이 모두 차고서야 겨우 극장이 고요해진다.

우리의 주인공 틴틴이 모험을 마쳐간다. 더불어 영화도 끝마칠 준비를 한다. 테마음악을 배경으로 엔딩 크레딧이 올라간다. 타국에서 영화를 보는 일은 처음이라 이 시간이 나름 의미있다. 비록 제대로 이해는 못했지만. 둥둥거리는 엔딩음악을 들으며 모험의 여운을 좀더 느껴보고 싶다. 그런데 사람들이 일시에 일어나서 극장을 나간다. 엔딩 크레딧은 이제 막 올라가기 시작했고 틴틴의 이후 이야기가 스크린에 뿌려지고 있는데도 관객들은 아랑곳없이 출구를 향해 바삐 걸음을 옮긴다.

"영화가 끝나면 유럽사람들은 바로 일어서지 않아요. 엔딩 크레딧이 다 올라갈 때까지 기다리며 영화의 여운을 느끼지요."

누군가 방송에 나와서 이렇게 얘기했던 것 같은데….

영화가 끝나고 돌아가는 길, 초딩군 기분이 좋아보인다. 한글자막을 포기하고 영상만 봤지만 의외로 볼 만했다고, 내친 김에 다른 영화를 한 편 더 보고 싶단다. 초딩군이 지목한 영화는 '몬스터 인 파리 Monster in Paris' 라는, 역시 애니메이션 영화다.

"파리에서 보면 더 재미있을 것 같아."

파리에서 보면 정말 특별하겠다. 숙소에 도착하자마자 정보를 찾더니, 지하철 9호선 끝자락에 있는 극장에서 상영중이라는 사실을 알아낸다. 그래? 이왕 간 김에 근처에 있는 미테랑 도서관도 구경하면 좋겠다.

이제는 자고 일어나도 피로가 풀리지 않는다. 많이 걷지도 않았는데 종아리가 돌덩이처럼 묵직하다. 몸도 무겁고 창 밖 하늘도 무겁다. 누룽지로 뜨끈하게 속 좀 데우고 천천히 나서면 11시 영화는 볼 수 있겠다.

지하철 한 시간 정도는 이제 가벼운 산보 수준이다. 어제 들른 UGC와 함께 프랑스 극장의 양대산맥인 MK2 극장이 멀찍이 보인다. 토요일 오전의 극장은 살짝 들뜬 금요일 밤과는 확연히 다르다. 직원수와 손님수가 엇비슷하다. 극장의 외부 광고판에도 '몬스터 인 파리'가 없었는데 시간표에도 올라와 있지 않다. 어제 확인한 홈페이지 상영시간표에는 11시 영화가 분명히 있었는데….

"몬스터 인 파리 보려는데요. 몇 시에 하죠?"

"오늘 상영 안 해요."

"어? 홈페이지에서 시간표 확인하고 왔는데요."

"홈페이지하고 광고지에 나간 게 잘못된 거예요. 오늘 상영 안 합니다."

"그거 보려고 한 시간이나 지하철 타고 왔는데."

"죄송해요."

에잇!!

바로 옆에 위치한 미테랑 도서관Bibliothèque François-Mitterrand 구경이나 하기로 한다. 세느 강변에 위치한 미테랑 도서관은 광장 귀퉁이에 마치 책을 펼쳐놓은 모양으로 서 있다. 가장 도서관다운 도서관 건물이다.

호주여행 때, 브리즈번 노서권에 들른 적이 있다. 열람실에 들어가기도 전, 어린이 놀이방에 필이 꽂힌 푸린양은 그곳에서만 두 시간을 보냈다. 풀, 가위, 색연필, 스탬프 등 아이들에게 필요한 문구류가 완벽하게 구비되어 있었더랬다. 은근히 기대한 푸린양이 앞장서 걷는다. 웬만한 공연장처럼 웅장하고 세련된 미테랑 도서관에는, 안타깝게도 어린이 열람실이 없다. 성인전용 도서관인 데다 이용시 입장료를 내야 한다.

"어린이 입장료는 얼마예요?"

"어린이는 입장할 수 없어요."

"제가 데리고 가서 조용히 구경만 하고 와도 안 되나요?"

"죄송해요. 안 됩니다."

에잇!!!

로비 소파에 앉아 잠시 비비적거리다 일어선다. 파리 외곽 신도시의 11월 바람이 유난히 차다. 무슨 빠리지엔느 흉내를 내겠다고 달랑 레깅스 하나 입고 나왔더니 뼛속까지 찬바람이 파고든다.

춥다! 지하철 역으로 통하는 옷가게로 쑥 들어가 청바지 하나를 골라든다. 춥디추운 레깅스를 벗고 따뜻한 청바지로 갈아입는다. 친절한 점원언니의 립서비스가 아니래도 못 봐줄 정도는 아니니 화끈하게 사버리자. 다음 가게에 가면 더 싸고 더 이쁜 청바지가 있을 것 같은, 쇼핑의 딜레마? 추위 앞에선 그딴 거 없다!

영화 공치고 도서관마저 공치고 찬바람까지 맞으며 걷자니 짜증이 머리끝까지 올라왔는데, 3만 원짜리 청바지 한 장에 기분이 말짱해진다.

그래, 나란 아줌마. 프랑스 청바지도 어울리고, 불타는 금요일 밤 파리에서 영화도 본 여자라구!

프랑스 닭으로
닭볶음탕을!

'루브르 박물관에서 가깝다고 했는데 어디쯤이지?'

주소를 적어오는 것도 잊었다. 왠지 금세 찾을 수 있을 것 같았다.

한국사람이 한국슈퍼를 찾는데 '필'과 '감'이면 충분하다고 초딩군이 자신만만하다. 루브르에서 나와 카페가 즐비한 도로를 건너 세 갈래 길 앞에 선다. 이제 그 '필'과 '감'이 실력발휘를 할 때다.

"이쪽으로 결정했어!"

초딩군이 세 갈래 길 중 한 곳을 골라 주저없이 걸어간다. 발걸음이 하도 힘에 넘쳐서 여기가 맞아? 라고 물어볼 수도 없다. 여행 막바지에 초딩군은 꽤 씩씩해졌다. 목소리가 커졌고 자신감이 붙었다.

궁하면 통한다더니 시험 볼 때는 통하지도 않던 '필'과 '감'이 고추장 사러가는 길에는 제대로 통했다. 익숙한 한글이 눈에 딱 들어온다.

집 앞 슈퍼라고 해도 좋을 만큼 슈퍼는 한국 물건 천지다. 한눈에 쏙 들어오는 상표들을 속 편하게 읽으면서 장바구니를 채운다. 이따 저녁

때 닭볶음탕을 먹기로 했으니 고추장 한 봉지를 사고, 내일 점심 도시락을 싸야 하니 유부초밥 재료도 담는다. 라면 떨어진 지 오래니 매콤한 라면도 두 봉지 고르고, 야식으로 먹을 냉동 군만두도 큼지막한 걸로 바구니에 담는다. 물 건너 왔다고 가격이 한국보다 두 배나 비싸다. 닭이랑 쌀은 숙소 앞 슈퍼에서 사야겠다. 세련미 철철 넘치는 프랑스가 실은 유럽의 농업대국이니 프랑스산 농산물 맛도 한번 보자.

맵고 얼큰한 닭볶음탕 생각에 침이 꼴깍 넘어간다. 잊지 않고 숙소 앞 슈퍼에 들러 7천원짜리 통통한 닭 한 마리를 산다. '필'이 통했는지 볶음탕하기 좋은 크기로 잘려 있다.

숙소에 들어서자마자 아이들이 나를 주방으로 내몬다. 닭을 행구고 당근이랑 감자랑 양파를 큼직하게 썰어둔다. 닭볶음탕에 넣을 양념이라고는 고추장과 간장뿐이다. 참! 비행기에서 챙겨온 후추와 설탕도 넣으면 되겠다.

요리를 아는 이들에겐 가장 쉬운, 모르는 이들에겐 암호나 다름없는, 고추장과 간장을 '적당히' 넣고 버무린다. 고깃살에 양념장이 배어들게 잠시 두고 그 사이 옷을 갈아입고 나온다. 빨리 먹고 싶다는 아이들 성화에 못 이겨 양념에 재운 지 5분 만에 불에 올린다. 한쪽에선 밥물이 보글보글 끓어오르고 있다. 주방용품 일체가 갖추어진 이곳 파리 아파트에 전기밥솥은 없다. 전기밥솥이 없으면 삼층밥만 먹을 줄 알았더니 어느새 냄비밥의 高手가 되어간다.

말갛게 씻은 아이들이 식탁에 빙 둘러앉아 닭볶음탕 냄비를 노려보고 있다. 얼큰한 냄새에 군침이 추룹 흘러나온다.

김이 모락모락 오르는 하얀 쌀밥 한 공기와 매콤한 향을 풍기는 닭볶
음탕이 오늘 저녁식사다. 전라도 손맛인 내가 만드는 닭볶음탕은 매운
편이라, 입맛이 담백한 K네 식구들이 잘 먹을 수 있을지 걱정스럽다.
웬걸, '시장이 반찬'이라더니 K네 식구들도 우리 식구들도 닭고기에,
당근, 양파까지 남김없이 먹는다. 남은 양념국물에 밥까지 싹싹 비벼먹
고 나니 세상 부러울 게 없다. 왕후의 만찬이 부럽지 않은 저녁식사다.

초딩 두 아이가 달그락거리며 설거지를 하고 두 엄마는 와인을 나눠
마신다. 꼬마 두 녀석은 소파에 누워 낄낄거리며 게임에 빠져 있다.

열린 창으로 차가운 가을 밤바람이 불어온다. 배부르고 평화로운 저
녁, 4천원짜리 화이트와인 한 병으로 우리는 더욱 행복해진다.

다음 날, 든든하게 냉장고를 지키고 있던 유부초밥 재료를 꺼낸다. 오
늘 점심은 유부초밥 도시락이다. 고슬고슬 지어진 밥에 양념초를 넣어
잘 섞고, 맨손으로 가볍게 주물러 유부를 채운다. 일회용 장갑 따위가
있을 리 없으니 뜨거워도 꾹 참아야 한다.

영국에서도 벨기에에서도 결국 사지 못한 도시락 대신 지퍼백에 초
밥을 담고, 보리차 티백을 우려낸 보리차를 작은 생수병에 옮겨 담는
다. 마감시간이라고 싸게 사온 사과랑 푸린양이 좋아하는 당근도 작게
잘라 지퍼백에 담는다. 나가는 길에 숙소 앞 빵집에서 크루아상 두 개
만 사서 넣으면 세 식구 먹을 점심 도시락 완성이다. 튈르리 정원도 좋
고 세느 강변도 좋겠다. 아무 곳에나 털썩 주저앉아 우리도 빠리지엔

느처럼 점심을 먹어보자꾸나. 절반쯤 남은 고추장 봉지가 눈에 띈다. 오늘 저녁은 삼겹살로 제육볶음을 해 먹을까? 도시락을 챙겨 넣던 아이들이 앗싸! 환호한다.

 돌아오는 길, 어김없이 마트에 들른다. 아침에 약속했던 삼겹살을 사고 내일 도시락을 위해 냉동 새우볶음밥을 산다. 새우볶음밥 옆에 놓인 냉동 크루아상 한 상자도 장바구니에 담는다. 얼추 스무 개는 들어 있겠다. 숙소 앞 빵집의 크루아상이 부드럽고 맛도 좋지만 한 개에 2천 원씩 주고 사먹으려니 영 부담스러웠는데 내일은 이 냉동 크루아상을 데워가지고 나가면 되겠다.

 닭볶음탕은 매운데도 살을 발라 오물오물 잘 먹는 푸린양이지만 제육볶음은 매워서 못먹겠다기에 밥을 퍼낸 냄비에 물을 붓고 누룽지를

끓인다. 밥이 제대로 눋지 않아서 끓여도끓여도 물만 졸아들 뿐 숭늉 냄새는 기약이 없다. 계란 한 개를 깨트려 풀고 소금을 뿌린 다음 고소한 참기름을 한 방울 떨어뜨린다. 참기름 향이 단숨에 방안에 퍼진다. 멀찍이서 TV를 보던 아이들이 코를 벌름거린다. 만들고 보니 고소한 계란 쌀죽이다. 쌀밥 한 공기와 기름진 제육볶음 한 접시에, 부드러운 쌀죽까지…. 오늘도 배부르고 평화로운 저녁이다.

프랑스 닭을 한국 고추장으로 버무리고, 프랑스 쌀로 지은 밥에 한국 깻잎장아찌를 올려먹는다. 매일 한국과 프랑스가 식탁 위에서, 도시락 안에서 사이좋게 만난다. 내일은 또 뭘 해먹고, 도시락은 뭘로 싸나? 번거롭고 부담스러웠던 식사 챙기는 일이 손에 익은 걸 보니, 이 여행이 끝나가나 보다. 어쩐지 숨 쉬기 힘들 지경으로 배를 채웠는데도 금세 허전해지더라니….

이제 슬슬 여행을 마칠 준비를 해야겠다.

오베르에서
하루를

오늘은 긴 여행의 마지막 날이다.

무려 2,500원짜리 자판기 커피를 뽑아 들고 프랑스어 안내방송을 들으며 고흐 마을로 가는 기차를 기다린다. K네는 지금쯤 퐁피두센터 Centre Pompidou로 가는 버스를 기다리고 있겠지. 파리에서 기차로 한 시간 거리에 위치한 오베르 쉬르 우아즈Auvers-sur-Oise는 고흐가 죽기 전에 마지막으로 머문 곳이다. 이곳에서의 70여 일 동안 고흐는 어든 점의 작품을 작업하며 작품에 대한 열정과 생의 마지막 나날을 온전히 불태웠다. 기차를 두 번이나 갈아타고 오베르 역에 도착했다. 작고 한적하다. 역에 내린 이는 우리 세 식구와 머리가 희끗한 미국인 할아버지와 20대 청년 그리고 한 남자.

"엄마, 저 아저씨 말야. 베르사유에서 입장권 찾던 아저씨 같아. 맞지?"

"그런가?"

"옷이 똑같잖아. 저 반바지랑 저 양말이랑 저 샌들!"

센스없는 초딩군이 보기에도, 그의 패션에는 쉽게 잊지 못할 강렬함이 있다.

슈퍼에서 콜라를 한 병 사고, 아담한 빵집에 들러 호밀빵 샌드위치와 초코 바게트를 고른다. 점심을 먹기엔 이른 시간이지만 갓 구워진 따끈한 바게트 냄새에 저절로 침이 고인다. 길 건너편 공원 벤치에 앉아 화구를 짊어진 바싹 마른 고흐의 동상을 바라보며 이른 점심을 먹는다.

"저 사람은 누구야?"

입에 초코를 잔뜩 묻힌 채 빵을 오물거리는 푸린양이 묻는다.

"해바라기 그림 그린 고흐 아저씨 알지? 그 사람이야."

"되게 까칠해 보인다."

툭 던진 초딩군 말대로 예민하고 까칠했던 고흐의 세상 속으로 걸어간다. 낮은 담장을 따라 걷다가 금세 걸음을 멈춘다. 초록 담쟁이 넝쿨 가운데 고흐가 그린 동네 처녀의 초상화가 살포시 숨어 있다. 마을 뒤편으로 이어진 골목 입구에는, 푸른 신록이 우거진 여름날의 골목을 그린 고흐의 그림이 또 걸려 있다. 고흐 마을의 보물찾기가 시작되었다!

덧문 아래 예쁜 화분이 놓인 오베르의 집들을 슬쩍슬쩍 엿보며 좁은 골목을 따라 올라간다.

골목이 끝나는 지점에 오베르 교회가 서 있다.

"찾았다!"

교회마당을 가로질러 푸린양이 쪼르르 달려가더니, 그림 안내판을 찾아낸다. 눈앞에 마주한 차분하고 단정한 오베르 교회와 꿈틀거리는

듯 생생한 그림 속 '오베르의 교회'를 번갈아 바라본다. 대상을 바라보는 화가의 독특한 시선도, 지금껏 유지되고 있는 120년 전 그대로인 교회의 모습도, 여행자의 눈에는 그저 감탄스러울 따름이다. 바삐 달려가는 그림 속 여인 대신 교회 앞마당엔 검은 옷을 차려입은 주민들이 삼삼오오 모여 있다. 방해가 되지 않게 조용히 뒤돌아 나온다.

고흐가 묻혀 있는 묘지 방향을 가리키는 이정표를 따라 천천히 걷는다. 꽤 많은 사람들이 방문하는 마을이라는데, 오늘은 우리가족뿐이다. 아스팔트 길 옆으로 숲이 우거져 있고 숲이 끝나니 넓은 채소밭이다. 길쭉한 줄기가 동그랗게 말린 근대가 고르게 줄맞춰 있고, 그 옆으로 초록색 파마머리 잎사귀를 얹고 있는 당근밭이 있다. 몇 고랑이 빈 걸 보니 수확철인가 보다. 수많은 과일과 채소 중 당근을 가장 좋아하는 푸린양에게 이게 당근이야, 라고 알려주니 당근 옆에 쪼그려 앉아 중얼거린다.

"맛있겠다."

사촌동생이 어릴 적, 닭장 앞에 주저앉아 통닭 먹고 싶다며 군침을 흘렸다더니 푸린양도 딱 그 모양이다. 뽑혀서 나뒹구는 당근을 하나 주워 흙을 털어내고 대충 닦아주니 와삭와삭 맛있게 베어 먹는다.

당근 밭 옆에 고흐의 묘지가 있다. 특별한 표지 하나 없는 공동묘지 입구에 서서 잠시 아득해진다. 빛바랜 꽃이 놓인 무덤들과 주인 이름이 새겨진 비석들 사이에서 고흐의 무덤을 찾아내야 한다는 말이지.

"엄마, 사진에서 봤을 때 묘지 가장자리였어. 뒤쪽이 바로 벽이었던 것 같아. 그리고 담쟁이 넝쿨로 뒤덮여 있었던 것 같고."

초딩군 아니었으면 공동묘지를 다 뒤질 뻔 했다.

그리 넓지 않은 공동묘지의 가장자리를 따라 걸으니 과연 초딩군 말대로 담쟁이로 뒤덮인 고흐와 테오 형제의 무덤이 있다. 고흐의 동생 테오는 고흐가 죽은 뒤 불과 6개월 뒤에 죽었다고 한다. 평생을 동생 테오에게 의지했으면서도 짐이 되고 싶지 않았던 형 고흐, 생활고에 시달리면서도 형 고흐를 평생 동안 놓지 못한 동생 테오. 나란히 누운 형제의 무덤 위에 노란 들꽃이 놓여 있다. 아이들도 근처에 피어 있는 들꽃을 꺾어온다. 무덤에 들꽃을 얹으며 푸린양이 고흐에게 인사한다.

"안녕하세요."

묘지를 돌아나오면 바로 밀밭이다. 고흐의 유작인 '까마귀가 있는 밀밭'을 그린 바로 그곳이다. 이미 추수가 끝난 늦가을의 밀밭은 텅 비었지만 스산한 밀밭 위로 까마귀떼가 호르륵! 날아들 것 같다. 가만히 눈을 감고 물결처럼 울렁거리는 푸른 하늘과 황금빛 밀밭, 그리고 날아드는 까마귀떼를 떠올려본다. 깊은 밤 달이 떠오르면, 낮 동안 쉬고 있던 고흐 형제가 툭툭 털고 일어나 이곳에 이젤을 펴고 앉아 못다 그린 오베르의 풍경을 담고 있는 건 아닐까. 고흐의 묘지로 슬며시 고개를 돌려본다.

고요한 고흐 형제의 묘지와 텅 빈 밀밭을 뒤로하고 밭 가운데 난 흙길을 걸어 고흐의 2층집으로 놀아온다. 2층집은 이제 고흐박물관으로 운영되고 있는데 비수기인 지금은 정해진 시간에만 입장할 수 있다. 처

음 도착했을 때 닫혀 있던 출입문이 열려 있다. 밀밭 근처에서는 안 보이던 사람들이 고흐의 집 마당에 모여 있다. 키 작은 아가씨가 고흐의 방으로 우리를 안내한다. 경사진 지붕에 난 작은 창 아래 낡아빠진 철제 침대 하나가 덩그러니 놓여 있다. 밀밭에서 총을 쏜 그가 비틀비틀 걸어와 동생 테오의 품에 안겨 죽기까지 고단한 삶을 거두어준, 오베르에서 가장 싼 방. 고작 예닐곱 명인 관람객이 제대로 들어갈 수도 없을 만큼 작은 방이다. '노란 방'으로 알려진 아를의 방과 닮아 있다.

고흐의 일생을 담은 짧은 영상을 하나 보고, 바싹 마른 고흐가 지키는 공원을 지나 소박한 역으로 돌아온다. 고흐의 마지막 마을 오베르에서의 하루가 저물고, 우리 여행의 마지막 하루도 저문다. 마치 짠 듯한 여정이지만, 실은 지루할 거라는 후기 때문에 차일피일 미뤄두었던 곳이다. 와보니 오베르는 후기 그대로다. 조용하고 인적 없고 주민마저 보기 힘들다. 마을 중간에서 툭 나타나는 그림이 아니었다면, 그 그림을 찾는다고 종종종 뛰어다니는 푸린양이 아니었으면 지루하기 딱 좋은 곳이다.

관광객마저 없는 11월은 더 그렇다. 불우한 삶을 산 고흐의 슬픔과 외로움, 근심과 불안이 고스란히 전해진다. 하지만 천문학적인 액수를 걸친 고흐의 작품 말고, 외롭고 신산했던 고흐의 삶을 보고 싶다면 놓치지 말아야 한다.

늦가을, 오베르에서의 하루를.

짐을 대충 꾸려두었다. 홀가분하다. 어느새 깊어버린 파리의 마지막 밤, 오베르에서 사온 고흐 머그잔에 뜨거운 커피를 담아, 잠든 아이들 곁으로 간다. 아껴 읽던 책을 꺼내 침대 속으로 들어간다.

책장 한 장, 커피 한 모금, 서늘한 밤바람 한 줄기.

이 밤이 정말 길었으면 좋겠다.

욕심쟁이 엄마

이번 여행 중 가장 기대하지 않은 곳이 파리였다. 개인적으로 영국에 대한 애정이 더 커서 런던 일정이 더 길었으면 했는데, 의도치 않게 파리의 일정이 꽤 길어졌다. 마지막 도시니 여유롭게 둘러보자 하면서도 박물관 미술관을 그리 좋아하지 않는 우리 가족은 조금 아쉬울 것 같았다. 하지만 파리에서의 열흘이 가장 행복했다.

이번 여행 중 한 도시를 꼽으라면 나는 단연코, 파리다.

루브르나 로댕, 오르세 등 매력 넘치는 박물관과 미술관만으로도 시간이 모자랐고 파리 시내의 고풍스런 건물과 아기자기한 골목은 그 자체로 예술이었다. 웅장하고 이질적인, 옛것과 새것이 잘 어우러진 도시였다. 많은 유물들 속에서 헤맨 박물관 투어도, 아이들에겐 다소 지루했을 미술관 투어도, 나는 행복했다. 내가 이 안에 서 있다는 것만으로도 행복감이 밀려들었다. 여유롭지 않은 시간과 다시 올 수 없을 것 같은 아쉬움에 더욱 절절했는지도 모르겠다.

그래서 마지막 날엔 새로운 곳에 가는 것보다 파리 시내를 다시 한번 훑어보기로 했다. 친구네와는 다른 일정으로 하루를 보내기로 했다.

오랑주르 옆 튈르리 정원에서 파리지엔느처럼 바게트 뜯어먹기, 뉴욕에 선물한 원조 자유의 여신상 찾아보기, 에펠탑 손바닥에 올려 사진 찍기, 버스타고 시내 한 바퀴 돌며 거리 구경하기, 세느 강변 걷기…. 가능한 한 많은 걸 해보고, 많은 모습을 눈에 담고 싶었다. 오랫동안 파리를 기억하고 싶었다.

엄마의 욕심이 지나쳤을까? 아이들이 힘들다고 투덜거린다. 하지만 이게 다 너희들을 위한 거라고 큰소리친다. 이런 엄마가 이젠 익숙해진 건지, 사진 좀 그만 찍으라며 짜증내는 동생에게 딸아이가 한마디한다.

"빨리 웃어, 억지로라도! 브이도 하고! 그래야 빨리 끝난다!"

여행은 힘들었지만, 훗날 사진을 보며 추억을 나눌 수 있을 거야. 맑은 하늘 아래, 씽씽한 표정으로 카메라 앞에 선 너희들의 표정을 보며 웃을 수 있을 거야. 그때쯤, 더 많이 보여주려고 한 엄마의 마음을 알고 고마워할 거야.

여기서 이러시면
안 됩니다

딱 죽을 것 같다! 무릎이 바스라질 것 같고, 얼굴은 가뭄 든 논바닥처럼 건조하다. 앉아서 열 시간을 보내자니 소화가 안 되는 것은 당연한 일. 아랫배가 가스로 팽팽하다. 파리발 홍콩행 밤 비행이 거의 끝나간다. 눈알이 벌겋게 충혈된 채로 홍콩 입국 심사를 받고, 초췌한 몰골로 시내로 가는 고속열차에 오른다. 거울에 내 모습이 비칠 때마다 깜짝 깜짝 놀란다. 이 꼴로 홍콩에 오다니!

홍콩은 우리의 마지막 여행지다. 비용보다는 시간의 여유가 있는 우리는, 빠르지만 비싼 '직항' 대신 느리지만 저렴한 '경유'를 선택했다. 덕분에 홍콩 여행을 덤으로 얻게 되었다.

지하 주차장에서 에스컬레이터로 곧장 연결된 1층 로비의 세련된 인테리어가 별 네 개짜리 호텔다운 면모를 보여준다. 우리 여행 중 가장 호화로운 호텔이다. 홍콩에서 아이들과 함께 머물기 적당하면서도 저렴한 숙소를 찾기가 어려웠다. 선택의 여지가 없었다. 여행의 마지막

단 하룻밤이라는 의미를 억지로 부여하며 본전 생각을 꾹꾹 누른다.

지금 홍콩은 오전 11시. 체크인 시간인 3시까지는 한참이나 멀었다. 프런트 직원에게 되도록 빨리 체크인할 수 있도록 부탁하고 돌아선다. 아이들은 계속 하품을 하면서 비틀거린다. 어디서든 좀 더 자게 해야 겠다. 지하주차장으로 연결된 작은 로비로 내려가니 둥그런 소파가 몇 개 놓여 있다. 호텔 주변에서 아침을 먹으려고 했지만 몸이 말을 듣지 않는다. 시커먼 피로 곰 두 마리가 양쪽 다리에 매달려 있는 것 같다. 눈알은 뻑뻑하고 귀에서는 우웅 하는 소리가 줄기차게 들려온다. 지하 로비의 둥근 소파에 나란히 기대어 앉았다. 핼쑥한 네 아이들과 피곤 한 두 엄마가 소파에서 졸기 시작한다.

얼마나 시간이 지났을까? 아이들은 아예 소파 위에 길게 드러누웠다. K는 먹을 걸 사러 호텔 밖으로 나간다. 뻑뻑한 눈알을 끔뻑거리는 내 게 유니폼을 입은 여직원이 다가온다.

"실례합니다. 여기서 자면 안 됩니다!"

"저희가 밤 비행기를 타고 아침에 도착했거든요. 너무 피곤해서요. 체크인 시간되면 올라갈 거예요. 죄송해요."

"그렇군요. 알겠어요."

지쳐 잠든 아이들을 돌아본 직원이 안쓰럽다는 표정을 지으며 돌아간 다. 그 사이 초딩 아이들이 잠에서 깼다. 여전히 피로가 풀리지 않은 모 습이다.

"실례합니다."

아까 그 여직원이 다시 내려왔다.

"사정은 알겠지만 여기서 이렇게 소파를 다 차지하고 있으면 곤란해요."

미안했던 마음이 싹 사라진다.

"아까도 얘기했지만 저희는 긴 밤 비행을 하고 왔구요. 호텔 체크인을 기다리고 있어요. 그러니까 우리도 이 호텔의 손님이라구요."

"죄송하지만 저희 호텔로서는 보기 좋은 모습이 아니라서요."

"보기 좋은 모습이 아니라구요? 그러면 피곤해서 잠든 아이들을 깨워서 쫓아내는 건 좋은 모습인가요? 1층 메인로비로 갈까요? 거기보다는 이쪽이 사람 왕래가 적어서 일부러 내려왔는데 다시 갈까요?"

나는 몹시 기분이 상했다. 더구나 직원이 두 번째 등장했을 때, 잠들어 있는 아이는 푸린양과 K네 아홉 살 꼬마 뿐이었다. 두 번씩이나 지적을 받으니 말이 곱게 나가질 않는다. 성난 얼굴로 쏘아붙였더니 직원이 슬며시 돌아간다. 내부만 그럴 듯하게 꾸며놓았다고 별 네 개야? 서비스 마인드가 네 개여야지!

시끄러운 것도 모르고 두 아이는 잠에 빠져 있다. 이번에는 여직원과 함께 50대 남자가 걸어온다. 남자는 부드러운 미소를 띤 채 잠든 두 아이를 바라본다. 하지만 나는 이미 극도로 까칠해졌다.

"저는 여기 매니저입니다. 아이들이 많이 피곤한가 봐요."

차분하고 부드럽게 말을 시작하는 매니저에게 나는 앙칼지게 대꾸한다.

"보기에 안 좋으니 옮기라는 건가요? 우리도 여기 손님이라구요."

"상황은 전해 들었어요. 밤 비행기를 타고 여행하는 게 힘든 일이지요. 체크인 수속은 하신 거죠? 방에 올라갈 시간을 기다리는 거지요?"

"네."

매니저는 상냥하고 나는 여전히 냉랭하다. 눈빛에 적의를 가득 담았다. 불편한 표정으로 우리를 쳐다보며 서 있는 직원에게 매니저가 무언가를 지시한다. 직원이 내키지 않는다는 듯 신발을 질질 끌며 1층으로 올라간다. 그사이 슈퍼에 갔던 K가 돌아오고 잠들어 있던 아이들이 모두 깨어났다. 난데없는 상황에 K도 놀라고 아이들도 놀랐다. 이미 깨어 있던 초딩들은 숨죽여 지켜보고 있을 뿐이다. 소파 끝에 앉아 있던 서양인도, 관광버스에서 내리는 일본인들도 흘끔거린다. 양복 차림의 남자가 팔짱을 낀 채로 서 있고, 그 앞으로 추레한 아이들과 아줌마들이 멍한 표정으로 앉아 있으니 그것만으로도 볼거리다.

사라졌던 직원이 나타나 매니저에게 열쇠 두 개를 건넨다.

"지금 방으로 올라갈까요?"

매니저가 우리 트렁크 손잡이를 쥔다.

"아이들이 너무 피곤한 것 같아서, 가장 먼저 정리되는 방으로 배정해드리라고 지시했어요."

"네? 고마워요. 저희끼리 올라갈게요."

"아니에요. 방까지 제가 안내해드릴게요. 꼬마들 올라갈 준비됐니?"

주섬주섬 짐을 챙겨 매니저의 뒤를 따라간다. 엘리베이터 버튼을 누르고, 우리가 먼저 타기를 기다렸다가 매니저는 가장 나중에 오른다. 못마땅해 하던 직원도 군말없이 우리 짐가방을 끌고 따라온다.

매니저가 객실 앞에 멈춰 선다. 손수 문을 열고 들어가 방을 둘러보고는 구석구석 환하게 불을 켠다. 그리고 나서야 들어가라는 손 안내를 한다.

"편하게 쉬세요. 꼬마 친구들, 잘 쉬어요! 즐거운 홍콩여행 되시길 바래요."

매니저는 깍듯하게 인사하고 돌아선다.

지금 시각, 오전 12시. 정식 체크인 시간까지는 아직 세 시간이나 남았다.

자신의 감정을 배제하고, 고객과 오너가 모두 만족할 수 있는 해결책을 제시할 수 있는 이를 '프로' 라고 한다면 이 호텔 매니저는 진정한 프로다. 이 매니저야말로 별 네 개가 아깝지 않다.

완벽하게 세팅된 호텔을 만난 푸린양이 신났다. 침대 위에서 방방 뛴다.

"우와 좋다. 깨끗하고 폭신하고 좋다."

그때 나와 눈이 마주친 푸린양이 깜짝 놀란 듯 묻는다.

"엄마, 여기서 이러면 안 되지?"

아니야, 오늘은 좀 이래 보자!

다행이다

짧고 강하게! 1박2일 홍콩여행의 모토다.

로비에서 쫓겨나듯 객실로 들어온 우리는 아침도 거르고 정신없이 잤다. 너무 배가 고파 눈을 뜨니, 점심때도 훌쩍 지나버린 오후 3시.

짧고 강한 홍콩여행, 이제 시작이다!

"엄마, 우리 뭐 입어?"

가방을 뒤적이던 초딩군이 묻는다.

털목도리에 장갑까지 끼고 다니던 늦가을에서, 숨이 컥컥 막히는 한여름의 더위 속으로 시간이동을 한 우리는 두툼한 패딩점퍼 앞에서 난감하다. 11월의 홍콩은 우리의 가을 날씨랑 비슷하게 선선하니, 긴팔 옷을 챙겨가는 게 좋을 거라고 해서 여름 옷을 챙기지 않았는데 낭패다.

가장 얇은 옷을 골라 입고 유명하다는 딤섬 집을 찾아 나선다. 복닥거리는 지하철을 타고, 복닥거리는 쇼핑몰에 자리한 딤섬 가게로 들어간다. 만만한 가격표에 마음이 훈훈해진 우리는 새우며, 돼지고기며 테이블이 넘치도록 딤섬을 주문해 포식했다. 이렇게 배불리 먹어본 지가 언제더냐. 역시 아시아가 최고다! 어? 계산서의 금액이 다르다. 탁자 위에 놓인 주전자의 차를 무심코 따라 마셨는데 그 찻값마저 계산되었 다. 정 많은 아시아니까 차도 공짜로 마실 수 있는 거라면서, 안 마시겠 다는 아이들에게 억지로 먹였는데. 에잇!

 냉장고같은 쇼핑몰을 나서자마자 더운 바람이 훅 달려든다. 긴팔 소 매를 있는 대로 걷어 올린다. 곧 홍콩여행의 백미라는 레이저 쇼가 시 작될 시간이다. 침사추이^{Tsim Sha Tsui}'스타의 거리'가 사람들로 넘실댄다. 꾸역꾸역 사람들 사이를 비집고 들어가 엉덩이 붙일 공간을 겨우 찾았 다. 해가 지면 기능이 사라지는 것과 다름없는 초딩군 카메라로 불빛 쇼에 들뜬 푸린양을 몇 장 찍어본다. 심령사진이 찍힌다!

 세상에서 가장 아름다운 야경으로 꼽히는 홍콩의 밤거리에 앉아 음 악에 맞춰 춤추는 레이저 구경을 하고, 썰물 빠지듯 사람들이 사라진 '스타의 거리'를 천천히 걷는다. 한창 인기 많았던 홍콩 영화배우들의 손도장이 여기저기 보인다. 영화 '천장지구^{天若有情}'의 유덕화. 정말 멋 있었는데. 한국사랑이 유난하다는 성룡은 손도장 아래에 한글로 '성 룡'이라는 싸인도 남겨두었다. 아무래도 찾게 되는 배우는 장국영이 다. 만우절날 거짓말처럼 떠나간 배우. 그의 이름 옆엔 손도장 대신 별 이 새겨져 있다. 스타의 거리가 만들어진 2004년보다 그가 먼저, 손도 장을 남기지도 못하고 별이 되어 떠나버렸다.

 홍콩은 야경도 명물이지만, 명품숍마다 길게 늘어선 줄도 명물이다.

프라다를 사려고, 루이비통을 사려고 저 많은 사람들이 매장 앞에서 차례를 기다리다니 나에겐 그저 미스터리한 광경이다.

호텔 앞 슈퍼에서 홍콩 과자를 잔뜩 사 들고 방으로 돌아온다. 두 엄마와 네 아이들이 한자리에 모였다. 과자를 잔뜩 쌓아두고 아이들은 행복한 과자 파티를, 두 엄마는 시끄러운 수다 파티를 연다.

두 가족이 여행을 같이 한다는 건, 결코 쉬운 일이 아니다. 낭만적인 일도 아니다. 어느 때는 우리 가족이 양보하고, 어느 때는 K네 가족이 참아줘야 했다. 그 덕에 우리는 무사히 여행을 마쳤다. 몸도 무사하고 두 엄마의 우정도 무사하다.

그리고 우리의 여행을 지탱해준 또 한 가지. 미리 약속이나 한 듯이 두 엄마가 여행중에 한 번도 내뱉지 않은 말 덕분이다. "네 탓이야!" 라는 말. 숙소 주소를 적어두지 않아 몇 십 분씩 거리를 헤맬 때, 중요한 서류를 빠트려서 결국 기차를 놓쳤을 때, 화장실에 다녀온 사이 버스가 가버렸을 때, 사진만 보고 예약한 숙소가 너무너무 실망스러웠을 때, '네 탓이야'라고 말하고 싶은 순간이, 그렇게 말해도 되는 순간은 수없이 많았다. 그때마다 '네 탓이야'가 등장했다면 우리는 진즉에 마음이 상해버렸을 것이다. 여행도 잃고 친구도 잃었을 것이다. '네 탓이야'가 없어서 우리 여행은 무사했다.

와작와작 과자를 먹는 아이들도 나름 여행의 소회를 풀어내느라 시끌시끌하다.

여행의 마지막 밤이 깊어간다. 더위를 만난 건 고작 몇 시간인데, 그 사이에 아이들 얼굴이 빨갛게 익었다.

아이들 얼굴에 묻은 과자 부스러기를 털어내며 생각한다. 무사히 여행을 마칠 수 있어서 다행이다 다행이다. 잘 기다려주어서, 많이 즐거워해주어서, 자주 감탄해주어서 고맙다. 아프지 않아서 고맙다. 무엇보다 이 아이들과 함께할 수 있어서, 이 아이들이 내 아이들이어서 나는 참 고맙다. 아이들도 내가 엄마여서 고마울까.

우리, 여행에 제법 잘 어울리는 것 같다.

여 행 을 종 료 합 니 다

우리의 마지막 비행.

홍콩발 인천행 캐세이퍼시픽 항공.

3시간 반 비행을 가뿐하게 마치고 남은 동전을 탈탈 털어 유니세프 봉투에 넣는다. 굿바이, 인사하는 승무원에게 푸린양도 인사한다.

"메르씨merci."

파리에서 홍콩으로 오는 비행기에서는 안녕히 계세요, 하더니 홍콩에서 한국으로 오는 비행기에서는 메르씨로구나.

난수표같은 외국어에 둘러싸여 있다가 한글을 만나니 심봉사 눈 뜬 것 마냥 세상이 환하다. 한글 표지판을 읽으며 입국장으로 걸어가는 아이들이 신나 보인다. 친구들 만나서 놀 생각에, 밀린 TV 프로그램 볼 생각에 아이들이 싱글벙글이다. 밀린 집안일 할 생각에, 잠시 쉬었던 일 생각에 나는 기운이 쭉 빠진다.

"엄마! 아빠가 나와서 기다리고 있겠지?"

입국심사를 마치고 드디어 아빠를 만나러 간다.

문이 열리네요. 우리가 나가지요. 첫눈에 우린 아빠를 찾았지요. 웬일인지 이 상황이 낯설지가 않네요. 두근거리는 마음으로 아이들에게 이야기하지요.

"아빠가 안 오셨구나!"

친구네 아빠는 아까부터 애틋한 눈길로 아이들과 눈을 맞추고 있는데, 우리 아빠는 안 보인다. 푸린양이 입을 삐쭉거린다. 때마침 아빠한테 전화가 걸려온다. 꼭 해야 할 일이 마무리가 안 되어서 출발이 조금 늦었다고, 열심히 가고 있으니 조금만 기다려 달란다.

남은 유로화를 환전하고, 나는 자판기 커피 한잔, 아이들은 음료수 한 캔씩 마시고 나니 헐레벌떡 아빠가 뛰어온다.

"아빠!!!"

푸린양이 달려간다.

수척한 아빠 얼굴에 웃음꽃이 핀다. 초딩군도 배시시, 나도 방긋.

한 달 만에 합체한 네 식구가 폭풍같은 수다를 떨며 집으로 돌아간다.

지도가 필요 없는, 묻지 않아도 되고, 헤매지 않아도 되는 우리집으로 간다.

집이 깨끗하다!

소파 위에 옷가지가 수북하고, 거실이 쓰레기장이 되어 있을 줄 알았는데, 텔레비전 위에 먼지가 조금 내려앉았을 뿐 굴러다니는 휴지조각 하나 없이 깔끔하다. 집에 오자마자 청소할 생각에 푹 한숨이 나왔는데…. 식구들 맞이할 생각에 열심히 청소했을 남편의 얼굴이 떠오른다. 감동이 밀려온다.

"엄마! 이것 봐!"

주방에 들어간 푸린양이 황급히 부른다.

소파에 쟁여 있던 옷가지가, 거실을 나뒹굴던 휴지조각이, 먹고 난 라면봉지가 주방 구석에 고스란히, 산더미처럼 쌓여 있다.

마무리가 안 되어서 꼭 해야 할 일이란 바로 이거였다.

쓰레기 이동!

밀려오던 감동? 에잇!!

아, 공항으로 돌아가고 싶다. 나 돌아갈래!

열세 살 내 인생의 터닝포인트

"Where is the Museum?"

초등학교 6학년이라면 누구나 다 아는 문장이다. 하지만 실제로 써본 6학년이 몇이나 될까.

서로의 무릎이 아슬아슬하게 맞닿을 것처럼 좁은 런던 지하철에서 내렸다. 우리는 대영박물관으로 가고 있다. 물론 나와 친구는 별 생각이 없다. 뒤쪽에서 밀려오는 사람들에게 치이면서 엄마가 어디로 갈려나, 꽁무니만 쫓고 있을 뿐이다. 엄마가 주위를 두리번거리더니 멈추어 섰다. 멍하게 서 있는 나와 친구에게 엄마가 얘기한다.

"대영박물관 표지가 없네. 어떻게 가냐고 물어보고 와!"

무언가를 물어보는 건 한국에서도 안 하는 일인데 영국에서 나의 어설픈 영어로 물어보라고? 헐!

"뭐라고 물어봐?"

아홉 살짜리 친구 동생이 당돌하게 묻는다.

"Where is the British Museum?"

붙박이처럼 가만히 서서 '웨얼 이스 더 브리티시 뮤지엄, 웨얼 이스' 만 중얼거린다. 엄마의 눈총이 따갑다. 사람들 앞으로 가는 데까진 간 신히 성공했다. 하지만 '웨얼 이스'가 입 밖으로 나오질 않는다. 그렇 게 10분이 넘어가자, 엄마 표정을 힐끗힐끗 살펴보게 된다. 그래! 퇴짜 맞으면 어때! 내일 또 볼 사람도 아닌데.

흑인 아저씨에게 다가간다.

"익스큐즈미. 웨얼 이스 더 브리티시 뮤지엄?"

두 손을 허리에 딱 붙이고, 두 발은 모은 채 굳은 듯 서서 물었다. 그런 데 아저씨가 무릎을 구부려 우리에게 키를 맞추더니, 빠르지 않은 영어 로 천천히 길을 설명해준다. 마음이 놓인 우리가 가만히 있었더니 못 알아들었다고 생각한 모양이다. 주머니에서 아이폰을 꺼내더니 지도 앱을 연다. 지금 우리는 여기고 이쪽으로 가면 된다고 줌까지 땡겨서 보여준다. 우리가 "땡큐" 하며 웃자 아저씨가 씨익 웃어준다. 당당하 게 엄마에게 길을 알려주고 대영박물관으로 향한다.

선뜻 길을 물어보지 못한 건 부끄러움 때문도 있지만 지금까지 나는 서양인은 남의 일엔 전혀 신경쓰지 않는 이기주의자일 거라고 생각했 기 때문이다. 하지만 친절한 그 아저씨 덕분에 내 생각이 달라졌다. 그 때는 잘 몰랐지만 지금 생각하면 그 날은 참 중요한 날이었다.

얼마 전, 고모와 함께 하와이에 다녀올 기회가 있었다. 문법은 하나도 안 맞았지만 이번에는 적극적으로 말을 걸었다. 그들은 모르면 모르는 대로 암 쏘리, 하며 미소지어주었다. 혹여나 부딪치면 쏘리,를 외치고 눈이 마주치면 싱긋 눈으로 웃어주었다. 기분좋은 경험이 쌓이면서, '외국에서도 충분히 살 수 있겠다' 라는 생각까지 들었다.

많은 사람들이 가는 흔한 여행지인 유럽이, 초등학교 6학년이었던 나에게는 특별한 곳이 되었다. 소극적인 나에게 자신감을 불어넣어준 곳이니까.

여행은, 열세 살 내 인생의 터닝포인트가 된 경험이었다.

여행 강추!!